東大病院をやめて埼玉で開業医になった僕が世界をめざしてAIスタートアップを立ち上げた話

AIメディカルサービスCEO・医師
多田智裕

東洋経済新報社

はじめに

内視鏡画像診断支援ＡＩで起業

「がんにかかったら、おしまいだ」

そう思っている人が、日本ではまだ少なくないようです。しかし実は、消化管のがんは早期発見し、その段階で治療すれば、助かる病気になっていることをご存じでしょうか。ただ、発見が遅れると、生存率は大きく下がってしまいます。早く見つからなかったがために、命を落としかねないのです。

大切なのはいかに早く発見するか。日本人に多い胃がんにおいて、そのために有効なのが、内視鏡検査（胃カメラ）です。鮮明な映像とともに胃の内部を映し出せる内視鏡検査だけが、胃がんを早期に確定診断（がんを疑う病巣の一部の組織や細胞を採り、顕微鏡で確かめてがんと診断すること）できます。

しかし、実際に内視鏡検査を行い、胃がんを見つけるのは、人間である医師です。ここで起こりうるのが、残念なことに「見逃し」です。

がんの検診には、市区町村や職場が行う「対策型検診」と、人間ドックのように個人で受ける「任意型検診」があり、検査方法や費用が異なります。このうち、胃についての対策型検診ではかつてのバリウム検査から内視鏡検査（胃カメラ）も実施できるようになってきました。自治体による胃内視鏡検査では、医師が早期の胃がんを見逃すことがないように、撮影した内視鏡画像を別の医師がダブルチェックする仕組みが取られています。

ダブルチェックを行うことで、早期胃がんの見逃しはかなり減らせます。それでもゼロにすることはできません。ベテランの医師でも見極めが難しい胃がんもあるからです。

そこで今、注目を浴びている技術が「内視鏡画像診断支援ＡＩ（人工知能）」です。内視鏡専門医でも診断が困難な胃がんの画像等を大量にＡＩに学ばせると、ＡＩが胃がんかどうか判別してくれるのです。

この内視鏡画像診断支援ＡＩの研究開発に特化したスタートアップ企業「株式会社ＡＩメディカルサービス」を２０１７年に設立し、代表取締役ＣＥＯを務めているのが私、多《た》田《だ》智裕《ともひろ》です。

ＡＩメディカルサービスは設立からわずか5年で、内視鏡ＡＩの研究開発の医学論文では世界1位の被引用数を誇るようになりました[注1]（2022年11月時点）。内視鏡ＡＩの研究開発では世界のトップランナーです。

それとともに、すでに130億円以上の資金を集めており、研究開発したテクノロジーを、日本のみならず世界の内視鏡医療現場に社会実装しようとしています。消化管のがんの見逃しゼロを実現し、世界の内視鏡医療の未来をつくるのが、私たちの目標です。

普通の開業医がスタートアップ!?

私はこの会社を設立するまで10年以上にわたり、胃腸科肛門科クリニックの院長として、診療と内視鏡検査に明け暮れる日々を送っていました。

東京大学医学部卒業後、外科医として5年間の研修を経て、外科専門医資格を取得したあと、2001年から東大大学院で腫瘍学を学び、34歳で卒業、博士号を取得しました。

ここまでは、医師としてはごくごく一般的なキャリアだったと思います。

しかし、そのあと私が選択したのは、自分が考える理想の医療を実践するために自分自身でクリニックを開業することでした。当時、博士号取得後すぐに実地臨床だけを専門に行う開業医になることは、かなり異端の選択だったと思います。

２００６年、さいたま市にある全国最大級のメディカルモール・武蔵浦和メディカルセンター内に「ただともひろ胃腸科肛門科」を開業しました。〝世界最高の胃腸科肛門科医療を提供する〟というコンセプトのもと、胃と大腸の内視鏡検査を年間８０００件近く行う検査数国内トップクラスのクリニックに成長しました。

私は開業以来、苦痛が少なく、安全で、精度の高い内視鏡検査を実施できるよう、最新式の機材を全国に先駆けて導入するのはもちろん、大腸内視鏡挿入法の教科書を執筆するなど、内視鏡手技の発展にも貢献するべく尽力してきました。その結果として、２０１６年には苦痛の少ない大腸内視鏡挿入法技術「無送気軸保持短縮法」という手技を確立しました。

また、一部の施設で施行されるようになり始めていた「コールドポリペクトミー」という手技をいち早く導入し、その技術を確立し、消化器内視鏡学会などで報告してきました。今や、１㎝までの大腸ポリープであれば、日帰りで、かつ合併症ほぼゼロで切除する内視鏡手術が可能になっています。

検査画像も、ハイビジョン、フルハイビジョン、２Ｋ、４Ｋ……と高画質化し、きれいになってきました。とはいえ、診断するのは医師です。いかに画像がきれいでも、最後は医師の画像診断能力に完全に依存しているという現実に、問題意識を持ち続けていました。

そんな2016年のある日、私は東京大学の松尾豊教授のＡＩについての講演を聴く機会に恵まれます。「ＡＩの画像認識能力が、ディープラーニング（深層学習）という技術により人間の能力を超えた」。そう聞いて、激しい衝撃を受けました。

内視鏡検査はまさに画像認識そのものですから、これにＡＩを組み合わせたら、医療が間違いなく発展するだろう——そう確信しました。

世界初「ピロリ菌鑑別ＡＩ」「胃がん検出ＡＩ」に成功

「内視鏡画像×ＡＩ」というアイデアは、誰でも思いつくことです。しかし、調べてみると、医療分野でディープラーニングを用いたＡＩの活用例はまだ2つしかありませんでした。眼底画像解析と、皮膚がんの画像解析だけです。内視鏡画像に対する研究開発は、世界中どこを探しても報告されていなかったのです。

当時、19時まで内視鏡検査と診療をしたあと、20時から医師会の事務所に集まり、数千枚の胃内視鏡検査画像をダブルチェックする日々にほとほと疲れていたこともあったのでしょう。「ＡＩを使えば、ダブルチェックの負担を減らせるかもしれない。どこにもないなら、私がやってみよう」と思い立ちました。まずは目の前の課題をなんとかしたいという気持ちで、内視鏡ＡＩの研究開発をスタートしたのです。

がん研究会有明病院、東葛辻仲病院、ららぽーと横浜クリニックの協力を得ながら研究開発は進み、２０１７年10月、胃がんの原因とされているピロリ菌の感染有無を鑑別するＡＩの研究開発に世界で初めて成功。世界へ名乗りを上げました。

続く２０１８年１月には、胃がんを検出する内視鏡ＡＩの研究開発にこれまた世界で初めて成功し、発表した論文を通じて世界の内視鏡医に一気に知られるようになりました。５㎜以上のがんを見つける感度（がんである人をがんだと正しく判定する精度）が98・6％という高い割合だったことも、人々を驚かせました。

この成果を研究開発のみで終わらせるのではなく、実際にがんの早期発見を支援し、救うことができる命を救うところまで進めたい――そのためには、継続して研究開発を続けることができる場所と環境を準備する必要が出てきました。つまり、研究開発するスタッフを集めて会社を設立する、ということです。

とはいえ、私はクリニックを長く経営してきたとはいえ、スタートアップに関する経験・知識はいっさいありません。

ただ、内視鏡ＡＩの研究開発と並行して、ベンチャーキャピタル（金融機関からの借入が難しい企業に対して投資をする会社）の起業家育成プログラムにも参加していました。

私がやろうとしていることは医療機器開発にあたりますので、厚生労働大臣の薬事承認を取得しないと、医療機器としての臨床使用（患者さんへの使用）ができません。金融機関だと、許認可が絡む事業に対しては、許認可取得のメドが立つか、許認可を取得したあとでないと融資できません。その点、ベンチャーキャピタルならリスクをとって資金を提供してくれます。

私を動かす6つの力

起業家育成プログラムでスタートアップのノウハウを徹底的に学んだ私は、２０１７年９月、埼玉県でＡＩメディカルサービスを立ち上げます。

そして今、創業以来ずっと開発に挑んできた内視鏡画像診断支援ＡＩが、いよいよ薬事承認を取得し、製品化されました。これからますます世界を驚かせることになるはずです。

私の挑戦が成功するかはまだわかりませんが、一介の地方都市のクリニックの医師が、なぜここまで来ることができたのでしょうか。

実は私にあったのは、

1．目標力

2. 孤高力
3. 傾聴力
4. 徹底力
5. 連帯力
6. 確信力

この6つの力です。そしてこの6つは全部、誰でも明日から身につけられるものばかりです。

日本にはたくさんの優秀な人たちがいます。しかし、バブル崩壊以降、令和の時代になってもなお、日本経済にはあまりいいニュースが流れてきません。

人間、誰しも可能性を秘めています。ただ、その可能性を解き放てていない人がまだまだ多いのではないでしょうか。

皆、自分の能力を最大限に発揮して、もっともっと大きな成功を目指してチャレンジしてほしい。それを実現させて、日本の力を世界に知らしめて世界をあっと言わせてほしい。私もまだまだチャレンジの途中です。

本書でお伝えする「6つの力」が、皆さんに少しでも参考になれば、これほどうれしいことはありません。

●目次

第1章　目標力で伝えたいこと

第2章
孤高力――隣を見ない、隣と比べない　49

第2章 孤高力で伝えたいこと

第3章

傾聴力——知りたいことは、臆せず聞きに行く

第4章

徹底力——凡事徹底、地味でもやるべきことをやり切る

111

第4章 徹底力で伝えたいこと

第5章

連帯力——一人ですべてのことはできない

第6章
確信力――不安は因数分解すればたいしたことはない　175

第1章

目標力

そこそこの目標設定では、そこそこの結果しか出ない

この章では最初に、私の手がけている内視鏡画像診断支援ＡＩについてご説明しながら、第１の力「目標力」についてお話しします。

「このくらいできればいいだろう」「このくらいで十分だろう」ではなく、「もっと上が目指せるのではないか」と考えてみる。そして、日本ではなく世界を相手に考えてみる。立てた目標が必ずしもすべてかなうことはありませんが、立てた目標以上のことがかなうことは絶対にありません。

自分自身に対して自分自身で思う限界を超えてストレッチした目標設定をする。そこからすべてが始まります。

AIで胃がんを判定する

日本でAIを使った医療機器開発をここまで進めているスタートアップがあるとは――。2021年6月、テレビ東京の人気経済番組『ガイアの夜明け』で私たちのことが取り上げられると、大きな反響が巻き起こりました。

2018年に世界で初めて胃がんを検出するAIの研究開発に成功して以降、ありがたいことに新聞やNHKなどのニュースで取り上げていただくことは数多くありましたが、有名ドキュメンタリー番組の取材は初めての経験でした。

番組からの取材を打診されたのは2019年のことです。〝がんの早期発見〟という壮大なテーマに取り組んでいる私たちに、テレビ東京のディレクターさんが興味を持ってくださったのがきっかけでした。制作スタッフの皆さんと企画を相談しながら練り上げ、2020年に撮影は開始されたものの、「AI診断の可能性をしっかりと伝えていきたい」と、取材は1年以上の長期間にわたることになりました。

実際の放送時間は30分ほどで、撮影した内容の99%はお蔵入りになりました。労力・取材費を惜しまずガチンコのドキュメンタリーを撮影するプロフェッショナリズムに感銘を受けたものです。

番組の中で最もインパクトが大きかったのは、国立大学法人浜松医科大学で、開発中の胃がん判定ＡＩシステムを先生方が実際に体験するシーンだったのではないかと思います。内視鏡医が胃カメラを操作していると、確信はないものの少し気になる部分を発見します。すかさずＡＩを作動させます。

すると、画像に映った、まさに内視鏡医が気になっている部分をＡＩがぐるりと囲い、マーキングします。同時に「胃がんの確信度74％」という文字が、モニターにバーンと表示されたのです。確信度とは簡単に言うと、ＡＩがどれくらいその病変を胃がんだと思っているかを示す値です。

「おおー」「すごいね、これは」

様子を見守っていた医師たちから、つぎつぎに声が上がりました。

わずか０・０２秒

これに先駆けて、２０１８年8月に放映されたＮＨＫ『サイエンスＺＥＲＯ』でも、大きな反響をいただきました。こちらでは、会社の草創期から一緒にＡＩシステムづくりをサポートしてくれた、胃がん診断のスペシャリストであるがん研有明病院の平澤俊明先生が登場し、多くの内視鏡医の前で胃がん判定ＡＩシステムを操作してくれました。

ＡＩを搭載したパソコンが内視鏡の動画を解析していきます。そして、「これは怪しい（がんを疑う）」という場所に反応し、マーキングをしてくれるのです。

進行胃がんならまだしも、早期胃がんを見分けるのは非常に大変です。胃がんは慢性的な胃炎を背景に発生することが多く、もともと胃が荒れてデコボコしていたり、赤くなっていたりする中に早期の胃がんが潜んでいます。

そのため、内視鏡検査中に胃がんを見つけることは非常に難易度が高いのです。１万件以上の内視鏡検査経験を積んだくらいのベテラン医師でようやくできるかどうかでしょう。それを、ＡＩはゆうゆうとやってのけたのです。

しかも速さが違います。ＡＩが画像一枚を解析するのに要する反応スピードは、人間の専門医師を圧倒的に上回る、わずか０・０２秒でした。

このＡＩの解析能力には、解析の様子を見守っている内視鏡医たちも一様に驚いていました。

「病変を発見する力は人間以上なのかな、と思う」「人間はどうしても画面の中央に集中してしまうが、ＡＩは画面の端に映ったものにも反応する」と、驚きのコメントを連発していました。

胃がん診断支援 AI システムの作動風景

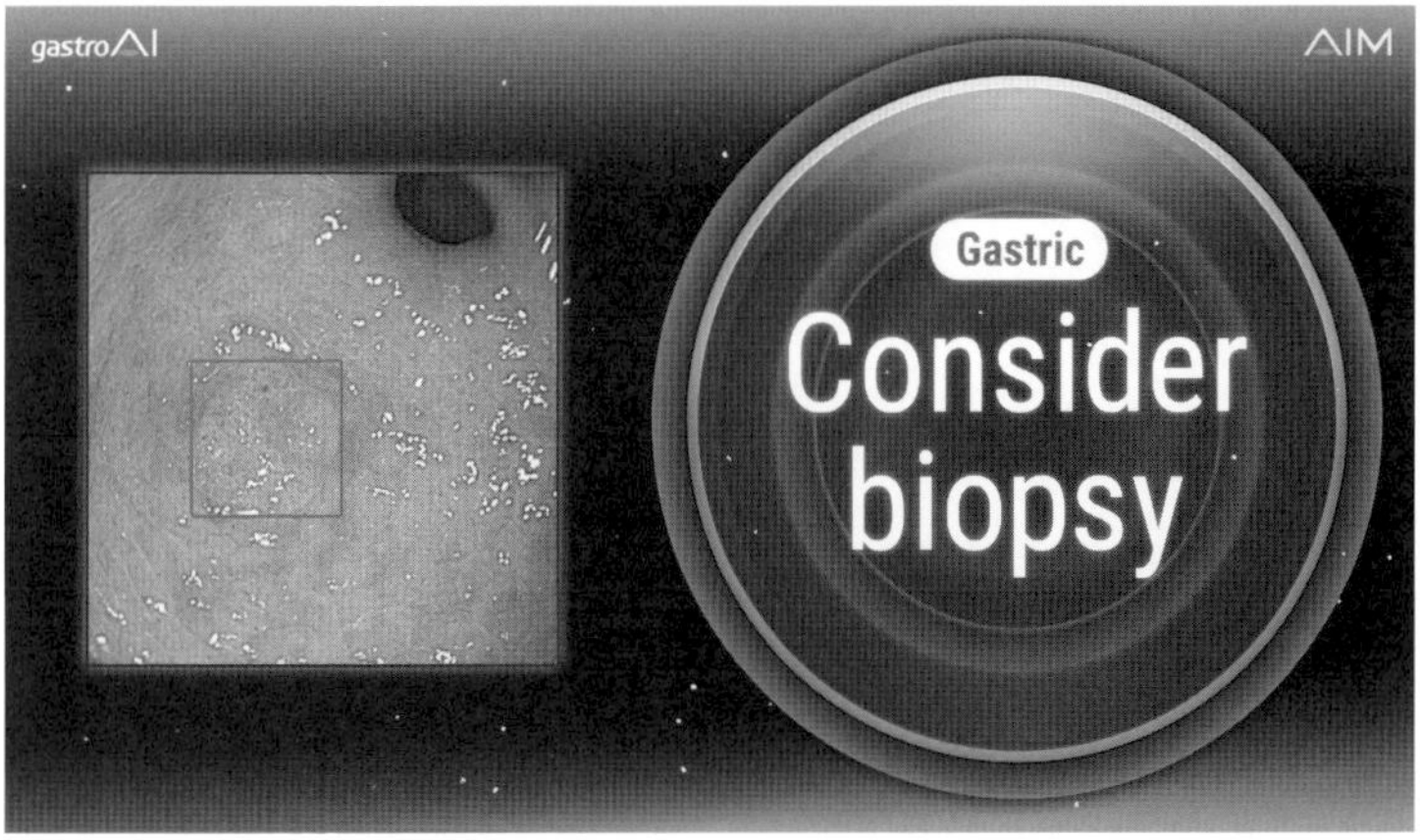

がん解析結果の画面イメージ。
四角で囲われた部分について「生検を検討すべき」と表示される

バリウムから胃カメラへ

本題に入る前にまず、これから本書で何度も出てくる消化管内視鏡検査について、簡単にご説明しておきましょう。

消化管内視鏡とはその名のとおり、カメラで胃や腸など消化管の〝内部〟を〝視る〟機器です。胃カメラ、大腸カメラとも呼ばれます。

消化管の病気を診断し治療するために、医師がお腹を触診したり聴診器を当てたりするだけではなく、人間の体の中を何らかの器具を使って観察できないかという試みは、古くは古代ギリシア・ローマ時代から行われていたといわれます。

人間の体内の空洞部分を直接観察するには、二つのステップが必要です。まず体内の空洞を十分に明るく照らします。次にその照らされた部分からの反射光を、体外の観察者が診られるように戻すのです。

1805年のドイツで、現在の内視鏡のプロトタイプともいわれるLichtleiter（導光器）がBozzini《ボチニ》によって製作されます。キャンドルの炎の光源とまっすぐな金属管を用いたもので、尿道・直腸・咽頭などの観察に使用されました。しかし、Lichtleiter はあくまで体表から近い部分の観察だけしかできませんでした。

その後、1895年にX線が発見され、続いてバリウム検査が開発されました。造影剤であるバリウムと発泡剤やガスを入れて、胃腸の形や内腔面の凹凸をX線で観察するものです。

そんな中、1949年に、埼玉県大宮市（現：さいたま市）にある宇治病院の宇治達郎先生が「患者の胃の中を映して見るカメラをつくってほしい」とオリンパス光学工業（当時）に依頼し、世界初の胃カメラ研究開発が始まります。

このストーリーをモデルに、吉村昭さんが小説『光る壁画』を書いています。小さなレンズの製作、強い光源の検討、本体軟性管の材質探しなどすべてが試行錯誤、悪戦苦闘の連続だったことがわかります。

自治体検診でも胃カメラが普及

胃カメラの試作機は、本体軟性管の先端に撮影レンズがあり、フィルムは白黒で6㎜、手元の操作で豆ランプをフラッシュさせて撮影し、ワイヤーで引っ張ってフィルムを巻き上げるものだったようです。その後グラスファイバー素材を活用し、医師はリアルタイムで胃の中を直接見ることができるようになりました。そこからさらに「ファイバースコー

プ付き胃カメラ」が開発され、胃内の写真を撮れるようになったとされています。[注2]

その後、電子スコープになり、カメラの映像をモニター画面に映し出せるようになります。複数の医師やスタッフが一緒に見られるので便利なだけでなく、検査を受けている本人も検査中に自分の胃や腸の画像を見られるようになりました。

その後、画質はハイビジョン、フルハイビジョン、2Kとどんどん進化し、今では4K画質になっています。最近の内視鏡は、単に見るだけでなく、専用の器具を用いてポリープを切除するといった治療もできるようになっています。がんであっても、早期のものであれば内視鏡で切除できてしまいます。

かつて、がんは早期であっても開腹手術があたりまえだった時代を考えると、隔世の感があります。鮮明な映像とともに胃の内部を映し出せる内視鏡検査は、消化管の早期がんを含む病変を発見し、同時に治療までできてしまう、唯一無二の方法です。

リキッドバイオプシーといって、尿や血液による検査も登場してきていますが、あくまでがんの可能性を判定するだけです。消化管の分野で、がんを早期に確定診断（がんを疑う病巣の一部の組織や細胞を採り、顕微鏡で確かめてがんと診断すること）できるのは内視鏡検査だけです。

2014年には、「有効性評価に基づく胃がん検診ガイドライン」改定で胃がん検診において内視鏡検査を行うことが推奨されました。続いて2016年には、「がん予防重点健康教育及びがん検診実施のための指針」が改正され、自治体が行う胃がんの検診に関する制度が変わります。それまでのX線検査（バリウム検査）に加えて内視鏡検査も実施できるようになったのです。

バリウム検査は、言ってみれば、影を見てそれが何かを当てるようなもので、見分けがなかなか難しいところがあります。実際、バリウム検査だけで胃がん検診をやっていた頃は、進行がんで見つかるケースも多くありました。

ところが、さいたま市の自治体検診で胃がん内視鏡検査が始まって以降、発見される胃がんの8割近くは早期がんの段階で見つかっている、といった報告が出るようになりました。注3

早期がんを見つけることが大事

日本における胃がんの罹患患者数は年間12万人近くいます。2019年のデータですが、男性では前立腺がん、大腸がんに次いで多く、女性では乳がん、大腸がん、肺がんに次いで多くなっています。注4

がんは死に至る恐ろしい病気だと思っている人もまだ少なくありません。しかし、実は多くのがんは早期発見すれば、生存率は大きく高まります。胃がんも、初期の段階で発見し治療すればおよそ9割の人は助かります。

ただし、がんのステージが上がるごとに生存率は下がっていきます。早く発見し治療できていれば助かったのに、発見が遅れたがために手遅れになり、命を落とすようなことが起きかねないのです。

しかし、がんの早期発見が簡単なことではないのも事実です。まず、多くのがんで、早期のものは症状がありません。胃がんも同様です。ごく早期の胃がんははっきりとした形態をとらないことが多いためです。

内視鏡で撮った画像を一般の人が見ても、まず「ここが胃がんだ」とは見つけられないと思います。明らかにボコッと盛り上がっているとか真っ黒になっているとかならいざしらず、実際は表面も色も変化に乏しく、単なる炎症と見分けがつきません。

ときには、医師ですら難しいことがあります。現場の医師がどんなにベストを尽くしても起こりうるのが、残念なことに「診断ミス」や「見逃し」です。早期胃がんは内視鏡検査時に2割程度が見逃されているという報告もあります。[注5]

そこで、自治体が行う胃がん検診においては、見逃しを防ぐための取り組みとして、検査画像を2人の医師がダブルチェックするシステムを導入しています。

実際にダブルチェックにより発見される胃がんが1～2割存在するといわれます。

しかし、ここまでやっても、がんの見逃しはゼロにはならないのです。

ダブルチェック方式の問題

ダブルチェック方式には、別の問題もあります。医師たちにかかる負担です。さいたま市の場合、月に1度、2度など当番が決まっていて、その日は一日の診療を終えた20～21時頃、地域の医師会の事務所に集まります。そこで、ほかの医師が行った胃がん検診の画像に見逃しがないかチェックしていくのです。

さいたま市で言うと、40歳以上の市民は年1回、一部の自己負担のみで胃内視鏡検査を受けられる制度があり、年間約4万人が胃内視鏡検査をします。一人につき40枚撮影するとして、単純計算で年間160万枚あまりの画像を見なければいけないわけです。しかも、見逃しは命につながりますから、かなりの集中力を必要とされます。

私自身、2006年にさいたま市内の武蔵浦和メディカルセンター内に「ただともひろ胃腸科肛門科」を開業して以来、ダブルチェックにも参加してきましたが、大きな負担を感じていたのも事実です。

どうにかしてダブルチェック業務を減らせる手立てはないか――。その問題意識が、私が「ＡＩが画像認識で人間を超えた」という事実を知って、内視鏡画像診断支援ＡＩの開発を始めたきっかけです。

あとで詳しくお話ししますが、私たちのＡＩシステムは、ディープラーニング（深層学習）技術によって、膨大な量の胃がんデータを学習しています。データは、がん研有明病院や東京大学医学部附属病院（東大病院）などをはじめとする、国内や世界でトップレベルの内視鏡技術を持つ１４０以上の施設から集めており、その数は20万本以上に上ります。

さらに、私たちのＡＩシステムは、胃がん以外の病変の画像を大量に学習しています。それによって、胃がんと胃がんでないものの違いを学び、区別できるまでに進化していきます。

私たちのＡＩシステムは、言ってみれば内視鏡専門医がもう一人横にいて、一緒に検査をサポートしてくれるようなものです。そうすることで、医師はより確信をもって診断できたり、診断ミスを減らせたり、診断能のばらつきを均てん化できたりするようになります。

実用化のためには、継続して研究開発を続けることができる場所と環境を準備する必要があります。つまり、研究開発するスタッフを集めて会社を設立する、ということです。

そうして２０１７年９月に産声を上げたのが、株式会社ＡＩメディカルサービスです。

起業にあたっては1億４０００万円の私財を投じましたが、ＣＯＯ（最高執行責任者）として招いた元医療系ＩＴスタートアップの社長も、事業の内容を理解するとすぐに1億円の投資を決断してくれました。

内視鏡画像診断支援ＡＩには、医師ではない人たちも「これはすごい」と直観的にわかるような、圧倒的なポテンシャルがあったのです。

会社が走り始めてからも、そのことを何度も実感することになります。

ＡＩの開発には巨額の費用がかかりますから、2億４０００万円あっても2年ほどしか持たない計算でした。「大丈夫だろうか」という心配が頭をよぎらなかったわけではありません。

実際、起業してほどなく資金調達、いわゆるシリーズＡ（事業を開始した段階での本格的な資金調達）に動かなければなりませんでした。

しかし、それは杞憂でした。ある会社から「10億円を出したい」という申し出をいただいたからです。

インキュベイトファンドからの出資

このとき、実はほかのいくつかの会社からも出資のお話がありました。ただ、どこも2億〜3億円、最大でも5億円のオファーでした。そんな中で、10億円という申し出はありがたいものでした。

もちろん、複数から出資をいただいて合計10億円にすることもできたでしょう。しかし、投資家の数をあまり増やすと、投資家とのコミュニケーションコストが高くなってしまいます。

投資してもらっている以上、株主総会を開き決議事項に賛成していただく必要があります。株主から疑問や質問が出てきた場合には、そのつど納得いただけるように説明する責任も当然発生します。

投資家の数が増えれば増えるほど、そうしたことに費やす時間は増えていきがちです。1社単独の投資で資金が集まれば、コミュニケーションをとる相手は一社で済むことになります。

ＡＩメディカルサービスにとってシリーズＡの時期は、折しも、スタートアップが乗り越えなければならない、開発段階から事業化段階へと進めるかどうかの関門、いわゆる

「死の谷」に重なっていました。

あとで詳しくお話ししますが、収集するデータの精度をより向上させるために、静止画からハイビジョン動画に切り替えようというときだったのです。それに伴い、システムをすべて刷新したり、データ収集録画機器を開発したりと、当時で1カ月5000万円ほどの費用を必要としていました。

そんなタイミングで10億円の投資をいただいたことで、私たちは胃がん検出AI製品のプロトタイプを完成させることができました。

その後、胃がんのみならず、食道がんAI、大腸がんAIなどへラインアップを増やしていきたいという考えのもと、シリーズB（事業が軌道に乗り始めた段階での資金調達）に踏み切りました。

2020年には、グロービス・キャピタル・パートナーズ、WiLをリード投資家とした複数社から計46億円もの出資をしていただくことができました。

「内視鏡AI vs. 人間」で圧倒的な差

では、私たちがつくった内視鏡画像診断支援AIは、いったいどのくらいの性能を持っているのでしょうか。以前、論文で発表した研究結果でご説明しましょう。

この研究は、内視鏡画像診断支援ＡＩと、内視鏡医67人（専門医34人を含む）、それぞれの診断能力を比較したものです。具体的には、早期胃がんや、それに似た病変が映った内視鏡画像を使用して、画像中に胃がんが映っているかを診断してもらいます。その結果、感度（がんである人をがんだと正しく判定する精度）がどれくらいになるかをテストしたのです。

「囲碁ＡＩ vs. 人間」ならぬ、「内視鏡ＡＩ vs. 人間」です。

結果、統計学的有意差を持って、ＡＩが内視鏡専門医よりも感度が高いことが示されました。

日本の内視鏡医は世界でも最高レベルといわれていますが、私たちのＡＩは、そのレベルをも上回ったのです。

私自身、内視鏡医として20年以上の臨床経験を持っています。この研究結果が出たとき、医師の一人として、「内視鏡画像診断支援ＡＩは、内視鏡医療の世界を変えられる製品、世界で間違いなく求められる製品だ」と確信したことを今でも思い出します。

ソフトバンク・ビジョン・ファンド2から出資

2022年には、ソフトバンクグループのソフトバンク・ビジョン・ファンド2をリード投資家とする総額80億円の資金を調達しました。

ここまでの出資は総額136億円に上ります。これによって、内視鏡画像診断支援AIの技術を、世界で同時展開していくことが可能になりました。

AIメディカルサービスにかぎらず、世界で勝てるストーリーとビジョンがあれば、相当な資金を集めることが可能ということを示しているとも言えるのではないでしょうか。

実は、ソフトバンク・ビジョン・ファンドは、私たちの研究に早くから注目してくれていました。

AIメディカルサービスは、2017年に、ピロリ菌（胃がんのリスクとなる感染菌）の感染有無を内視鏡画像から鑑別するAIの研究開発に世界で初めて成功しました。続く2018年には、胃がんを検出するAIの研究開発にやはり世界で初めて成功します。この論文は、国内のみならず全世界の内視鏡医に注目され、名前を知られるようになっていきました。さらにその翌年の2019年には、米国最大の消化器病学会で最優秀演題の一つにも選ばれました。過去に日本人で選ばれた人はいないと聞いています。

この段階で、ソフトバンク・ビジョン・ファンドからは早々にコンタクトをもらってはいたので、ＡＩメディカルサービスがどんな状況になっているかは、機会があるごとに伝えるようにしていました。

孫さんから激励される

私たちからすると、ソフトバンク・ビジョン・ファンド2からの投資を受けることは、お金以上の意味があります。彼らが持っているネットワークが、とてつもないものだからです。

日本ではあまり知られていませんが、ソフトバンク・ビジョン・ファンドはほぼ全世界のＡＩ企業に投資をしています。そのネットワーク、コネクション、そこから得られる知見は、ＡＩメディカルサービスが世界展開をしていくうえで必要不可欠なものであると考えています。

実際、面談においても、私たちのＡＩのどこが強みで、どこが弱みで、どこに改善点があるか、指摘がばんばん飛んできました。

孫正義さんに実際にお会いして、経営者としての力量も目のあたりにしました。ＡＩを深く理解していないとできない質問もあり、やはり普通の投資家ではないとうならされました。

ソフトバンク・ビジョン・ファンド2の日本国内への投資は、AIメディカルサービスが3社目になります。

ソフトバンク・ビジョン・ファンド2からの投資を受けたということで、日本国内はもちろん、世界にも認知を広げられたと思っています。

胃がんは十数年後には世界的な問題になる

もともと、内視鏡診断技術においては、日本は世界のトップレベルにあります。

内視鏡医の数でも、日本が圧倒的にダントツです。米国と比べても、人口比あたり5倍くらいいます。日本消化器内視鏡学会の会員数が約3万5000人に対して、米国消化器内視鏡学会の会員数は約1万2000人です。

それもそのはず、先ほどご紹介したように、日本が内視鏡発祥の地だからです。世界初の内視鏡カメラを開発したオリンパスに加え、富士フイルム、HOYAといった名だたるメーカーがあり、3社で消化器内視鏡の世界シェアの実に98%を有しています。

そのため、日本では、胃がんにかかる人はかなりたくさんいる一方で、胃がんで亡くなる人は比較的少なくなっています。内視鏡医のレベルが高く、また、内視鏡検査が普及しているおかげで、早期発見、早期治療ができているわけです。

一方、海外ではそうではありません。米国では胃がんはマイナーな疾患であり、患者数はそれほど多くないと考えられています。膵臓がんよりも多いくらいの感じでしょうか。しかし、日本と比較して、早期で見つかる割合は圧倒的に低く、胃がんが見つかることはイコール死を意味する、という印象が持たれています。

米国には世界最大かつ世界トップレベルのがんセンターであるテキサス大学MDアンダーソンがんセンターがありますが、データを見ると、胃がんはステージⅢかⅣ、つまり進行がんばかりが診られています。早期発見して早期治療するという概念がまだないのです。

WHO（世界保健機関）は、2020年時点で110万人だった全世界の胃がん罹患者数は、2040年までには180万人に増加すると予想しています。そうなったときに日本の内視鏡技術、そして私たちの内視鏡AIは、世界から強く求められるようになるに違いありません。

私たちの会社は、すでにシンガポール国立大学病院、米スタンフォード大学医学部との共同研究を始めたりもしていますが、胃がんの早期発見について興味のない国は世界中のどこにもないといっても過言ではないでしょう。

ある予測によると、世界の内視鏡機器市場の規模は今後も年率7・5％の成長を続けると見込まれています。[注6] その精度向上をサポートする内視鏡ＡＩも、世界の医療現場で急速に広まっていくはずです。

高い目標を持つ力

ここまで、やや駆け足で私のしてきたことをご紹介しました。

では、私たちが、世界が驚くような取り組みをできたのはなぜでしょうか。これからそのプロセスを詳しくお話ししていきますが、間違いなく言えることが一つあります。

それは、とにかく最初から「世界最高水準」を目指していた、ということです。

そこそこの成功やそこそこの満足で終わってしまうのではなく、途方もなく高い目標を持つ。このくらいできればいいだろう、このくらいで十分だろう、ではなく、もっともっと上が目指せるのではないか、と考えていたのです。

言い換えると、自分を小さな場所に置いてしまわない、ということです。それは、あまりにもったいないことだと思います。

私は東大大学院を出たあとに、当時はめずらしいといわれた開業医の道を選択しました。クリニックを開業するとき、すでに私はこう公言していたことを、自分でもよく覚えています。

「このクリニックは、世界最高水準の胃腸科、肛門科診療を提供する」

もっといえば、自分が内視鏡医療の未来をつくるんだ、くらいに考えていました。こうした高い目標を置いたからこそ、今の私はあります。

もしこれが、開業して年収何千万円を稼ぐなどということが目標であれば、おそらく達成しておしまいだったでしょう。

世界最高水準という高い目標を据えていたからこそ、クリニックの成功のみに満足することなく、内視鏡ＡＩという次のステージに踏み出すことができたのです。

お金で得られる幸せは長続きしない

欲しいものをすべて買い、とりあえず楽しく、ぜいたくな暮らしがしたいのであれば、年収１億円もいらないかもしれません。３０００万円、５０００万円がもらえた時点で満足なのかもしれません。

ただ、ぜいたくというのは飽きるものです。

私も以前、周りからしきりに「先生、腕時計はロレックスにしたらどうですか。ロレックスをしておけば、信用されますよ」と言われたりして、ロレックスを買ったことがあります。正確でとてもいい時計ですが、半年もしないうちに引き出しにしまってしまいました。

お金で買える幸せは、半年、いや3カ月くらいしか持たないのではないでしょうか。

さらにいえば、お金で買えるものなんて、この世の中で実はごく一部でしかありません。お金があったところで、欲しくても手にすることのできないもののほうがよほどたくさんあるのです。

高い目標を掲げて得られた満足感は、一生続きます。

もちろん、世俗的な欲望を否定するわけではありません。貧乏でいいわけでもないでしょう。

これもあとで詳しくお話ししますが、私が開業医の道を選んだ理由の一つに、困難とリスクはあるにせよ、勤務医では得られない報酬があったことも事実です。

クリニックを開業したときは、まずは1億円を貯めようとも思っていました。最初は、それくらいの俗っぽい欲望がないと逆にがんばれないかもしれません（もし、ここら辺の話を深く知りたい人はぜひ神田昌典さんの『非常識な成功法則』を手に取って読んでみてください。成功したほとんどの人はこの本を読んでいるとされている名著です)。

1億円貯める、でもいいのです。ただ、そこで終わってしまわないことです。なぜなら、1億円貯めるという目標は、あくまでも一つの通過点であり、それにはもっと大きなゴール――私の場合であれば「内視鏡医療の未来をつくる」というゴール――を目指す過程で達成されるものだからです。

もしかすると、今の日本の若い人たちは「お金より大事なものの大切さ」をよくわかっているのかもしれません。「いくらいい給料をもらっても、いくらお金を稼いでも、社会に役立つ仕事でないと、満足感を得られない」という声を耳にします。ＳＤＧｓが若い世代に強く支持されるのも、社会貢献意欲の一つの表れなのでしょう。

高い目標を持つのは、周りへの礼儀でもある

クリニックを開業したとき、多くの優秀な内視鏡医が手を貸してくれましたが、そのときに言われた言葉は、今も私の心に強く残っています。

開業当初から非常勤医として週3回勤務してくれた武神健之《たけがみけんじ》先生（現：一般社団法人日

本ストレスチェック協会代表理事）は、東大の同僚でしたが、彼からは「日本でトップになるつもりがないなら、このクリニックは手伝わない」と告げられました。

また同じく東大で指導を受けていた藤城光弘先生（現：東京大学大学院医学系研究科消化器内科教授）からは、「自分の理想とする医療を実践したいなら止めない。成功もするだろう。ただ、東大から出ていく以上は、何か医療の未来や発展に貢献するような活動をしなさい。東大を卒業した以上はそういう責務があるのだということを、忘れないでほしい」とも言われました。

実際に藤城先生は、クリニック開業後の患者さんが少ない時期に、わざわざ自分のアルバイト先から患者さんを紹介してくださり、密かに応援してくださいました。

幸い、クリニックは5年経たずに年間8000件を超える国内トップクラスの内視鏡検査数を誇るクリニックに成長しました。現在私はクリニックの院長を信頼できる人物に委ね、理事長として月1~2回臨床現場に立つほかは、AIメディカルサービスの経営に集中しています。高い目標を応援してくれた人たちがいたからこそ、私もゆるぎなく高い目標に向かって進んでこられたのだと思います。

皆さんにも、これまで支えてくれたり、導いてくれたり、応援してくれたりした人がたくさんいると思います。今の力があるのは、自分だけの力ではありません。

何をするにしても、こぢんまりまとまってしまわないこと。大きな目標を持って生きること。高い理想を掲げること。これらは、支えてくれた人たちへの礼儀でもあるのではないでしょうか。高い目標に向かって突き進むことは、周りの人たちへの恩返しにもなるはずです。

挑戦をまずは恐れない

しかし、高い目標を掲げている人は、実際には多くありません。どうしてなのでしょうか。小さな目標で満足してしまっているからでしょうか。大きな目標は達成できなかったときに怖いからでしょうか。目標を高く掲げることがリスクになるからでしょうか。

私自身は高い目標を持つことにデメリットがあるとは思えません。よくよく考えてみてほしいのですが、誰も他人のことなど、実はそれほど気にしていないものです。私が失敗しようがしまいが、あなたが失敗しようがしまいが、そんなことは誰も興味はないのです。

あなたも、ほかの誰かが失敗したと聞いたら、一瞬「かわいそうに」と思うけれど、そのうち忘れてしまうはずです。ちょっと嫌いな人だったら「それ見たことか」くらいは思うかもしれませんが、それだけのことです。

わざわざ連絡して「君、失敗したんだってね」と言う人など、普通はいません。

ですから、失敗を恐れる必要はこれっぽっちもありません。「失敗したら、敗者だとみなされるかもしれない」なんていう余計なプライドなど、捨ててしまったほうがいいのです。

それよりも、自分で決めた突き抜けた目標に挑んだほうがいい。思い切った挑戦をしたほうがいい。そうすることで、全力でやり切っているという充実感を持てるはずです。

自分の持っている能力をフルに発揮できているという実感は喜びに通じます。神様からもらったギフトをすべて使い切っているという感覚はたまらないものです。

ただ逆に、どういう目標を設定するかで、限界は決まってしまうともいえます。エベレストに登りたいのか、富士山に登りたいのか、高尾山に登りたいのか……。目標にした以上の山は登れません。

それならばいっそのこと、全身全霊を傾けられるものに挑んでいくべきです。本当の自分の力をすべてぶつけて。

それこそ今も、内視鏡医療の未来をつくることが、そして、日本から世界に通用する医療機器産業を確立することが、私の目標です。そういった意味では、何十億円集めることができようが、上場をしようが、それはすべて通過点にすぎません。

やらなければいけないことは、まだまだその先にあるのです。

目標をつぶそうとする力に注意する

気をつけなければいけないのは、自分がせっかく掲げた高い目標も、周りにつぶされることがあるということです。

不思議なことに、失敗したときに連絡してくる人はいませんが、「こんなことをしようと思っている」という人に対して「お前、そんなことできるはずないよ」とか「そんなの無理に決まっている」とか言ってくる人は、必ずいます。

しかも本人は本当に親切心からアドバイスしているつもりだったりするので、なおさら厄介です。

私も内視鏡ＡＩの開発を始めたとき、何人かから「そんなの、大手の内視鏡メーカーが本気でやったらすぐできちゃうよ。なんでそんな無謀なことをやろうとしているわけ？」と、したり顔で言われたものです。

ちなみに、スタートアップが大手にはかなわないという意見については、はっきりと否定できます。まったく逆で、スタートアップにしか新しい産業は生み出せないのです。

「イノベーションのジレンマ」をご存じの方も多いと思います。写真フィルムメーカーの米コダックが有名な例ですね。世の中が銀塩写真フィルムカメラからデジタルカメラにシフトしようというとき、コダックの中でもデジカメ技術は開発されていました。しかし、「デジカメ事業を伸ばすと、今のフィルム事業をつぶしてしまう」ということで、社内では抹殺されてしまったのです。

大手企業はえてして、それまでの成功体験に縛られて新しいイノベーションに全力で踏み出せません。私たちの会社ではチームコミュニケーションツールの「Slack」を活用していますが、技術的にはマイクロソフトやグーグルだって同じようなものはつくれたでしょう。にもかかわらずなぜSlackが世界的に使われているかというと、大手にはすでに確立しているメインビジネスがあるので、新しいことに全力で突っ込まなかったからです。

もちろん大企業から新しいイノベーションを生み出した例もありますが、それらの多くは社内ベンチャーのような形で本社から独立したとか、社長直轄で独立した権限を与えられたとかいう場合がほとんどです。

私に「無理に決まっている」と言った人たちに対して、こんなことをわざわざ説明はしませんでした。ただ、無意識に目標をつぶそうとする人、邪魔しようとする人、単に茶々を入れるような人とは、どうしてもつき合いを続けたい場合を除いて、はっきりと距離を置くべきです。

そもそも本当にあなたのことを思って応援してくれる人であれば、コメントはするにしても、何か決めつけるようなことを言ったり、自分の意見を押し付けたりしてくることはないでしょう。

周りの人にも高い目標を共有してもらう

私のクリニックでは、スタッフ全員に、福利厚生を兼ねた研修費として、年間3万円までの予算を認めています。用途は特に限定していません。

地域で一番人気になっているレストランで食事をしたり、有名なホテルや旅館に宿泊したり、話題のアミューズメントパークに行ったりするなど、とにかく日頃クリニックでは経験できないようなところで、一流の体験をしてきてほしいとはお願いをしています。

どうしてこのようなことをしたのでしょうか。それは、世界最高水準の診療を提供するうえで、スタッフにも同じように高い目標を設定してもらい、その目標とすべきものがどのようなもので、どうすれば達成できるのか考える機会をつくってもらいたかったからです。

一流と呼ばれるようなホテルや、話題の場所には、そのようになる理由、仕組みが必ずあるものです。実際に消費者として触れ、体験することで、それをクリニックの患者対応であったり、クリニックの仕組みづくりだったりに活用してもらえるのではないか、そう考えたのです。

「3万円予算」で経験したことは、朝礼で報告してもらったり、レポートで報告してもらったりしています。スタッフにも喜ばれ、かつ適切な高い目標の水準を感じてもらえたことは、クリニックの運営において大いに役立つものであったと実感しています。

これとは別に、スタッフの健康診断の費用も年間最大3万円負担することとしました。健康診断を受ける施設はこちらから指定せず、スタッフ自身が選べるようにしました。その代わり、どのような理由でその病院・クリニックを選んだか、実際に受診してスタッフの対応がどうだったかなどを報告してもらうことにしました。

こうすることで、それぞれのスタッフがクリニックを選ぶまでの流れを再認識し、どのようなクリニックをどのような理由で選ぶのかについて定期的に考える機会になっています。

目標を自分だけが高く持てばよいという話ではまったくないのです。周りの人たちにもその目標を語り、共有してもらう工夫も必要だと思います。

第1章　目標力で伝えたいこと

- 立てた目標が必ずしもすべてかなうわけではないが、立てた目標以上のことがかなうことはない。
- 目標は世界基準で高く持つと、それにより同じ志を持ったすばらしい多くの仲間と出会うことができる。
- 自分の限界を超えてストレッチした目標設定をする。

第2章

孤高力

隣を見ない、隣と比べない

この章では、「隣を見ない、隣と比べない」という考え方についてお話ししていきます。

周囲と自分を比べていたら、今の私はありませんでした。

あなたとまったく同じ条件や背景を持つ人はこの世に一人もいません。にもかかわらず、他人と比べようとすること自体がナンセンスです。どうせ比べるなら、昨日の自分と今日の自分を比べたいものです。昨日より今日が一つでも改善していれば、いつかきっと何かを変えることができるでしょう。そのような意味をこめて、孤高力についてお話ししていきます。

この力は若い頃からの経験で身についたと思っています。まずは、私の学生時代の話から始めましょう。

灘校で学んだ2つの教え

私はもともと医師になりたいという強い思いがあったわけではありませんでした。偶然、医師を目指す人が多い環境に置かれることになり、医療の世界なら自分でも世の中に貢献できるのではないか、と思うようになっていったのです。

私は東京に生まれ、会社員だった父の転勤で、小学校のときに神戸に引っ越しました。ここで、今となっては伝説の阪口塾に出会いました。

入塾テストが1週間もある塾です。東大の試験が一次試験・二次試験合わせて4日間ですから、塾の入塾テストにそれ以上の時間をかけるわけです。

試験内容は阪口先生が授業を行い、その理解度をテストするというものでした。それが毎日です。今思えばこれで子どものポテンシャルを見極めていたのでしょう。

阪口塾は、塾生の7割ほどが中学受験で灘《なだ》中学校に合格し、そのまま東大に進むという、めずらしい塾でした。

事前準備が必要なかったこともあるのでしょう。それまで受験勉強に縁のなかった私でも入塾試験に合格し、そのまま灘中に合格、灘高に進んで6年間を過ごすことになります。

関西では屈指の進学校である灘校は、中学で1学年約170人しかいません。高校から約50人入ってきますが、それでも220人くらい。そのうち3人に一人が医学部に進みます。私が医師になったのは、この環境が大きかったと思います。

ほかにも私が灘校で大きな影響を受けたのは、「精力善用」「自他共栄」という灘校の校是でした。

これは、「柔道」の創始者・嘉納治五郎師範の教えで、

精力善用——能力があるのであれば、その自己の力を使って相手をねじ伏せたり、威圧したりすることに使わずに、善いこと、世の中の役に立つことに使いなさい

自他共栄——互いに信頼し、助け合うことができれば、自分も世の中の人も共に栄えることができます。自分だけではなく、みんながウィン・ウィンになるように自他共に栄える世の中をつくりなさい

というものです。

この二つを6年間で徹底的に叩き込まれたことが、医療の世界に進んだあとにも役立ったと確信しています。ちなみに灘校では、体育で柔道が必修となっています。

170人中160番

灘校に入ってわかったことがもう一つありました。それは、世の中にはとんでもない頭脳の持ち主がいるという事実です。超がつくほど頭がよく、1を聞いて10を理解してしまうレベルの人たちがいるんだ――。

こういう人たちが、もちろん学年トップになるわけですが、では彼らは医学部に行くのかというと、必ずしもそうではありません。法曹界を目指したり、数学者を志したりする生徒のほうが多いかもしれません。

灘高の卒業生の半分は東大に進みます。8割は、東大か京都大学か、その他の大学の医学部に進む、という感じです。私が東大に進学したのも、そういった雰囲気についていくことがなんとかできた、それだけの話です。

だからといって、「みんなで東大に行こう」というような空気があったわけではありません。灘校は、同調圧力のようなものがはなからないのです。たとえば、誰かが何かについて知らなくても、ほかの誰かがとがめたり、からかったり、気にしたりすることがありません。「あ、知らないのね」くらいのものです。個々人の価値基準が明確だったからかもしれません。

ただ、いい意味でも悪い意味でも、スポーツができるよりも、容姿がかっこいいことよりも、試験の点数が高い人が一番えらいという雰囲気はありました。入学時に何番で入ったかもわかりました。1学年3クラスありましたが、1年1組の級長は入学試験の上から1番、2組は2番、3組は3番の生徒が務めるしきたりでした。そのくらい、はっきりとしていました。

定期面談では「多田君のこの前の試験は、○番でした」と伝えられていました。告白しますが、中学校では私の成績は170人中、160番あたりをウロウロしていました。

人は誰でも、無能になる

生徒が2000人以上いた小学校では1、2位の成績でも、灘中に入れば並以下、ほぼ最下位になる――。厳しい現実は、私に「物事を割り切って考える」ことを教えてくれたような気がします。

灘高でトップだったとしても、東大に入れば並以下かもしれません。さらにその先、それこそ世界に出ていったらどうでしょう。東大も世界の大学ランキングでは30位前後であることを考えると、並以下になります。

「人は誰でも、無能になる」という「ピーターの法則」がありますが、私は16〜17歳でその法則を体得してしまったわけです。ほかの灘高生のインタビューで「灘中に入ったときが人生で最高の瞬間だった」と話すのを読んだこともあります。

とはいえ、別にくさっていたわけではありません。今は160番近辺でも、最終的には6年間トータルの結果が大事であって、「次は大学受験でがんばればいい」くらいに思っていたのです。

ですから、特に中学時代はのんびりと、勉強以外のことばかりしていました。

当時の最新鋭のパソコンだったNECのパソコン「PC-8801mkII」を親に買ってもらっていじっていました。最初はプログラミングをやっていましたが、だんだんゲームにハマるようになっていきました。

高校に入って少しずつギアが入っていきますが、それでも自分の周りと比べると胸を張れるような成績だったわけではありません。私よりもはるかに成績がよかった同級生からすれば、「自分よりもはるか下だった多田が、どうしてユニコーンスタートアップを目指せるのか」と不思議がっているかもしれません。

簡単に見放さない

ありがたかったのは、ひどい成績を取っても、担任の先生から見放されることはまったくなかったということです。中学でビリに近い160番を取っても、「お前はダメだ」と言われたことは一度もありません。同級生たちから「あいつはダメだ」というレッテルを貼られたり、学内にいづらくなったりすることもいっさいありませんでした。

当時、灘校の先生は、20年前後の経験を積んだベテラン教師がスカウトされて入ってきていました。いうまでもなく、優秀な先生方です。

加えて、灘校では、担任が中高6年間変わりません。同じ顔ぶれを中高6年間指導して、卒業すると1年休んで、また新たな顔ぶれと6年過ごします。仮に40歳くらいで灘校に来たとして、生涯で三つ程度のクラスしか受け持てないのです。

そういう背景もあって、一人ひとりを本当にしっかり見てくれる先生ばかりでした。

別の見方をすれば、1学年170人のうち100人くらいを東大に送り込まないといけない〝ミッション〟もあったでしょうから、簡単に生徒を見捨てたりできなかったともいえますが……。

私が東大、しかも医学部である理Ⅲを目指したいと先生に伝えたのは高校3年のときでしたが、「まあ、通る可能性はあるから、受けていいよ」という返事でした。そのときの成績は220人中80番くらいになっていました。

今の東大理Ⅲの定員は97人ですが、当時は80人でした。考えてみれば、灘高の試験でも80番なのに、定員80人しかいない東大理Ⅲを「受けていいよ」というのですから、先生も思い切ったものです。それが灘校の校風なのでしょう。簡単にダメ出ししたりはしない、可能性はあるのだからやってみなさい、という空気がつねにありました。そういう教育をしてもらえたことは、私にはとてもよかったと思っています。

直前の模試「E判定」からの東大理Ⅲ入学

ところが、高3の10月に河合塾の模試を受けたところ、東大理Ⅲの合格率が「E判定」で返ってきてしまったのです。Eというのは合格率20％のレベルです。

ただこのときも、あまり気にしませんでした。現役生ですから、浪人生と比べて勉強する時間が足りていないのは当然でしょう。試験までまだ3カ月弱もあります。今からがんばれば問題なく間に合うし、大丈夫だと思っていたのです。

もちろん単に「なんとかなるさ」ではなく、「やるべきことはやって」が原則です。実際そこから、東大の過去問題集に徹底的に取り組みました。3カ月弱で、過去問を30年分くらいは見たでしょうか。

あとで私が聞いた話では、E判定でも、現役にかぎった場合の合格率は20％ではなく80％近くに跳ね上がることもあるそうです。やはり現役生は最後の追い込みが効くようです。

いろいろな方が「受験は要領」というテーマで本を出されていますが、大学受験というのは、決められた範囲内で、しかも一定のルールがある中で点数を競うゲームのようなものです。英単語6000語をそらんじているとか、数学の公式を300パターンくらい覚えているといったテクニックとノウハウがものをいう世界であるように思います。

私はそのあたりに長けていたのでしょうか。最終的には、無事に現役で合格することができました。

私の学年では灘高から16人が東大理Ⅲを受け、全員が合格しました。当時としては最高記録だったようです。

考えてみれば、定員80人のところに16人が灘校生というのは、すごいことです。口には出さなくても、みんながんばっていたんだな……と思ったものです。

ちなみに、灘校の卒業生は不思議なほどつるみたがりません。以前、ある内視鏡医の先生と食事をする機会があり、3時間にわたって大いに盛り上がりました。さあ帰ろうというときになって、「実は僕も灘校出身なんです」と告げられたことがあります。同じ高校だと知っていれば、会ってすぐにそう言うのが普通でしょうが、灘校生はこれがありません。

かつて、外科の手術でチームを組んだメンバーが4人全員灘校出身だったことがありましたが、最後まで誰も何も言いませんでした。このあたり、ユニークなところかもしれません。

東大理Ⅲ生の人生すごろく

「人生すごろく」ではないですが、当時は東大理Ⅲに入学すると、だいたい卒業後10年くらい先までのルートが見えていました。

教養課程の2年間は理Ⅱ（薬学部や農学部に進学する）の同級生と一緒に学び、その後医学部に進学し、3～4年目で医学の基礎、5～6年目で臨床を学びます。

卒業前に医師国家試験があって、合格すれば研修医となります。卒業後は東大病院に勤め、大学の医局に入ります。そこで2年間研修したあと、さらに医師として3～4年経験を積み、専門医を取得すると、今度は東大大学院に入って4年間過ごし、博士号を取得し

勉強に明け暮れた東大時代

ます。

ここまでで30代半ばになりますので、その後は東大病院に残るか、市中病院に出るかを選ぶ……。9割方、このルートに沿って進路を選択していたと思います。

まずは6年間の学部生としての日々が始まりましたが、おそらく特に文系の人たちからすれば、驚くような時間割だったと思います。特に教養課程の2年間が終わって、医学部専門課程に進学してからの4年間は、朝から晩まで寸分の隙もなくみっちり授業が入っていたからです。

生理学、生化学、微生物学、解剖学、病理学など、基礎科目だけでも十数あります。しかも、医学部が厳しいのは、一つでも単位を落とすと進級できないことです。

それはもっともな話で、たとえば微生物学の単位を落とす、つまり微生物学を理解していない人に医師になられては、感染症の患者さんにとってははた迷惑です。あるいは解剖学を知らない医師に手術されるなんてたまったものではありません。ですから医学部の学生は、一つ一つの科目を、手を抜くことなく勉強します。

当時はそれがあたりまえで、自分たちがほかの学生とはまったく違う生活を送っていたのを知ったのは、卒業してからのことでした。それこそ、「4年生になると週1回しかキャンパスに行かなかったけどね」なんて話を聞いて、卒倒してしまったのを覚えています。

「風呂に入りながら本を読む」

私が医学生だった30年前は、医師にはプライベートな時間などない、という空気が支配的でした。「それが嫌なら医師の道を選ぶべからず」という話が、授業でも普通に語られていました。

今も覚えているのは、のちに東大名誉教授となった黒川清先生のお話です。東大医学部から米国に渡り、UCLA医学部内科教授をはじめ、多くの役職を歴任した方です。

そんな雲の上の人から、

「オレが学生の頃は、風呂に入っているときも本を読んでいた。だから、溺れそうになったことがあったんだ」

と言われると、まだ学生ですから、

「黒川先生がそう言うのなら、そうなんだろう」

「やっぱり、そのくらいやらないと、医師にはなれないんだ」

なんて思ってしまうわけです。

しかも、黒川先生だけではなく、授業に来る教授、来る教授が皆同じような話をするのですから、ハードな毎日があたりまえだと思うようになるのに時間はかかりません。嫌になってしまう人もいたかもしれませんが、私はむしろこうした話に感化され、授業を休んだらもったいない、くらいに思っていました。

NHK『プロフェッショナル　仕事の流儀』に登場されたことのある幕内雅敏先生も、私が指導を受けた教授の一人です。番組内で、「365日24時間、医者であれ」と語っていましたが、先生は東大医学部教授時代、本当に毎日教授回診をされていました。大みそかも欠かさずです。さすがに元日こそお休みでしたが、病院には来ていましたし、1月2日以降は毎日回診していました。

もう一つ、東大理Ⅲに入学してあらためて感じたのは、学生たちのレベルの高さでした。

あたりまえの基準が上がると言えばいいでしょうか。とにかく皆、頭がいい。知力、頭の回転、本を読むスピードもまったくケタ違いです。

テスト前になると、1ページも読んでいなかった教科書を1日で読み切って「優」をとってしまう、なんていうのもあたりまえでした。

隣を見ない、隣と比べない

実は、大学在学中に一つの転機となる出来事がありました。両親が離婚したのです。両親の扶養義務は20歳までですから、私は学費をすべて自分で稼がなければならなくなりました。授業を受けながら、アルバイトをする日々が始まりました。

大学に事情を説明すると、奨学金の手続きを進めてくれて、幸い学費は払わなくて済むようになりました。ただ、医学部では教科書代だけでも月に数万円かかります。医学書は1冊の値段が高いのです。生活費も含めると、月10万円以上はアルバイトで稼ぐ必要がありました。

「どうしてこんなことになっちゃったんだろう」と頭を抱えました。それでも、自分と周りを比べることはありませんでした。

正確には、比べることによっていい思いをすることはないとわかっていたので比べなかった、というべきかもしれません。

人と自分を比べて、「自分のほうが勝っている」とか「自分のほうが楽だ」と感じて優越感に浸れるのなら、比べる意味もなんとなくわかります。そうではなく、うすうす「自分のほうが劣っている」「自分のほうが大変だ」とわかっているのに、わざわざ人と比べるなんて、何と無益で無駄なことではないでしょうか。

そうした態度は灘校や東大で身についたのかもしれませんし、振り返れば、子どもの頃からそうだったのかもしれません。

一時期、父の仕事の都合で、団地に住んでいたことがあります。そこは住人2000人ぐらいに対し、スーパーが1軒しかありませんでした。そういった小さなコミュニティでは、「○○さん家は今日、お肉を買った」とか、「魚を買った」とか、それすら噂になるのです。子ども心に、「なぜそんなに細かいことを比べるのだろう」「そんなことを比べてもいいことなんてないのにな」と感じたものです。

今も昔も、多くの人が隣ばかり見て、隣と比べてばかりいる印象があります。そのせいで、つい、みんなと同じ選択をしてしまったり、意に沿わない行動をしてしまったりする人も多いように思います。でも私は、隣を見たり、隣と比べたりすることに意味をまったく見出せないのです。

それよりも、自分自身との闘いが一番大事です。比べるなら、昨日の自分と今日の自分を比べたほうがいいのではないでしょうか。

他人と比べて、他人に勝つより、自分に勝つことのほうが難しいことだと思います。それなら、難しいほうにチャレンジしたほうが楽しいのではないでしょうか。

医師国家試験は実は難しい

そういうわけで、大学の途中からは勉強とアルバイトに明け暮れる日々でしたが、苦学生だったというのとは少し違います。1年生の教養学部時は東大全学の競技ダンス部にも参加していましたし、3年からは医学部の部活でバスケットボールもやっていました。

そんな私も、医師国家試験が近づくと、勉強に集中しました。

あまり知られていないようですが、医師国家試験はかなりの難関試験です。今は、さらに難しくなっています。昔は5つの選択肢から解答一つを選ぶ形でしたが、今は5択のうち正解がいくつあるかわからない状態での出題になっています。しかも、内科外科のみならず、整形外科や産婦人科含めてすべての科目から出題されますから、手を抜けるところがないのです。

医師国家試験の合格率を上げるために、試験対策の授業をたくさん用意してくれる大学もあります。東大医学部はそうではありませんでしたから、合格率は80％台から90％台前半でした。不合格になれば、次年度にまた挑むか、医師の道をあきらめるかです。

幸い私は一度で合格し、研修医になりました。医師になるには、国家試験合格後、2年以上の臨床研修が求められていました。この期間は研修医と呼ばれます。

学部の5〜6年でもＢＳＬ（ベッド・サイド・ラーニング）といって、病棟で診察を手伝ったり、手術を見学させてもらったりする実習はありますが、研修医になると指導医のもと、いよいよ医師としての仕事が始まります。

私たちの時代は、研修医になるときに、どの領域の専門医になるのかを自分で決めなければいけませんでした。私が選んだのは、外科でした。東大病院の第一外科（現在の大腸肛門・血管外科）の雰囲気がとてもよかったのが大きかったと思います。先輩方が、自由闊達で伸び伸びと仕事をされている印象があったのです。

逃げ出しそうになったこともある

先ほど、医師はプライベートなんかないのがあたりまえという空気があったと話しましたが、中でも研修医の勤務は極めてハードでした。

今は当時のようなことはなくなっていますので、あくまで私の時代のエピソードとして、聞いていただきたいと思います。

研修医として働いていた東大病院での話です。大腸肛門外科で研修を開始しましたが、途中から救急科での研修になりました。

たとえば外科だったら、どのような手術が最善なのか事前にカンファレンスで検討し、手術日を決めて、手術します。しかし、救急科は事情がまったく違います。あたりまえですが救急患者しか来ませんので、事前準備などありません。すぐの対応が求められるのです。

しかも、通常は2～3人の研修医が交代しながら担当するところを、途中からたまたま研修医は私一人きりになってしまいました。そうすると、休むこともできません。

救急科はいつ何があるかわからないので、研修医は病院に泊まることが前提でした。「研修医はつねにいる状態」にしておかなければならないしきたりなのです。3人いれば

博士号を取得

3日に1回泊まればいいわけですが、一人しかいないので帰ることもできません。

日曜日の午後に「多田、お前、何日くらい家に帰っていないんだ?」と聞かれ、「あ、1週間、帰っていません」と答えると、「そうか、今日は半日だけ帰っていいよ」「ありがとうございます」そんなやりとりが普通でした。

東大病院は三次救急病院といって、ほかの病院では対応できない困難で重症度の高い方が搬送されてきます。テレビドラマの『コード・ブルー』の世界です。ホットラインが鳴ったら、いつでも対応できるように待機していないといけません。

特に一人体制になってからは、先輩も手伝ってくれたりしていたとはいえ、業務量も激増しました。「このまま勤務し続けるとミスしそうで危ないな」と思って当直室で休んでいると、ホットラインのコールでたたき起こされる……その繰り返しです。

あまりの激務に、とうとう限界が訪れました。ある日、「もうこれは続けられない」という思いがふつふつと湧き上がってきて、思わず荷物をまとめて病院を飛び出してしまったのです。途中でドロップアウトしてもいい、すべてのキャリアを捨ててもいい、というとっさの行動だったと思います。

荷物を持って病院の門をフラフラと出ようとしたとき、同級生と出くわしました。「多田、どうして荷物なんか持っているんだ」「もう辞めようと思う」「ちょっと待てよ」。彼が話を聞いてくれるうちに、我に返りました。今辞めてどうするんだ――。

このとき、同級生に会っていなかったら、私は東大病院を辞めていたと思います。そのくらい、追い詰められていたのです。

実は外科専攻の研修医が救急科にも配属されるようになったのは、私の代が初めてだったそうです。私の一件もあってか、それ以降は、救急科で研修医が一人になることはなくなりました。もちろん、救急医療現場の過酷さが変わったわけではないと思いますが。

30歳で大学院へ入学したけれど……

こうして東大病院での研修を終え、次に虎の門病院の麻酔科で半年間研修を行いました。その後外科医として多摩老人医療センター（現：多摩北部医療センター）、東京都教職員互助会三楽病院、そして東大病院大腸肛門外科で3年ほど過ごし、外科専門医を取得したのち、東大大学院に入学しました。

先ほどの「人生すごろく」どおりのルートです。30歳を過ぎてから、また4年間学生に戻るということです。卒業するのは、30代半ばになります。

学生でいる間は給料もありません。むしろ、学費を払わないといけません。それでも大学院に行く意味は大いにあります。臨床の現場では、医師は日々、患者を診察し、治療して、結果を見る。さらにいい治療法を計画して、患者と相談しながら実行して、その結果がどうだったのかをチェックする。その繰り返しです。ビジネスの世界でいう、ＰＤＣＡサイクルを毎日回しているようなものです。

臨床を10年も続けると、経験はどんどん積み上がっていきます。それはそれですばらしいことです。他方、「今までの経験上はこうだったから、この患者さんにも同じようにすればいいだろう」というように、過去の経験のみに即して判断するようになるリスクもあります。

その点、臨床経験を少し積んだ時点でキャンパスに戻って、研究生活を送りながら医学論文を作成することによって、新しい視点を得ることができます。「ああ、自分がしてきた診療は、全体のほんの一部なんだなあ」と気づき、もっと広く経験を積まないといけないと思うようにもなります。

ビジネスパーソンでも、新卒からずっと大企業に勤めてきた人が、留学したり、出向したりすることで、まったく違うやり方に驚いたり、気づきを得たりするでしょう。それと同じだと思います。

異端の道を目指す

東大大学院腫瘍外科では遺伝子チームに入って、大腸がんの遺伝子の研究をすることになりました。世界トップレベルの研究成果を出している渡邉聡明先生に師事し、研究に取り組んでいました。

ただ、私はしだいに「研究というのは、向き不向きがあるものだ」と、実感するようになります。

海外で戦えるような研究結果にたどり着くためには、本当に細やかなステップを踏んでいかないといけません。もちろん渡邉先生からはたくさんサポートをいただいたのですが、正直、4年間では思うような結果が出せませんでした。

今でこそ、内視鏡画像診断支援ＡＩの論文では大学教授並みの本数を出している私ですが、大学院時代に出せたのはたったの2本です。しかも、思うようなものにはなりませんでした。研究を極める適性は自分にはないな。そう気づくのにそう時間はかかりませんでした。

そんなとき耳にしたのが、さいたま市の再開発エリアに全国最大級のメディカルモールができる、というニュースです。

当時の東大医学部では、親の跡を継ぐケースを除けば、開業は定年退職したあとにするものである、というのが常識でした。実際にそうした先例が多かったこともあって、開業医は〝引退ポスト〟のような捉え方をされていたのです。

ただ、「隣を見ない、隣と比較しない」のが私のポリシーです。周りがそうだから、自分もそうであるべき、という考え方はまったくありませんでした。

また、あとに詳しくお話ししますが、ほかの道を探っていくプロセスで、開業医の報酬のポテンシャルに気づいてしまった、というのもありました。

研究にやや行き詰まりを感じ始めた私は、開業するという選択肢もあるな、と思いはじめます。ただ、ノウハウもなく、顧客基盤もないままいきなり開業するのはハードルが高いことも十分わかっていました。

せっかく開業するならば、大腸肛門外科という専門知識を生かしたクリニックにしたいものだとも考えました。「何でも診ます」というような、何科が専門なのかがわからないようなクリニックは、私の好みではなかったのです。

私はここからいよいよ〝孤高〟の道を歩むことになります。

「東大の先生が、埼玉で開業するなんて」

メディカルモールは、外科、内科、小児科、皮膚科、眼科、耳鼻科など、いくつかの診療科が同じ敷地内やビルに入居するスタイルの医療施設です。2000年頃から日本でも登場するようになりました。

駅の近くや、ショッピングモールの中にあったりすると、来院者にとってとても便利ですし、クリニックにとっても、こうした便利な場所であれば、たくさんの患者さんの来院が期待できます。

2003年、私が大学院生のときですが、「ふうん、最近はこんな業態があるんだ……」と思っていたまさにそのタイミングで、再開発プロジェクトの一環としてさいたま市に全国最大級のメディカルモールがつくられるというニュースを目にしたのです。埼京線と武蔵野線が交わる武蔵浦和駅から徒歩4分、国道17号沿いのアクセスがいい立地です。名称は「武蔵浦和メディカルセンター」。ちょうど、新たに7科ほどを募集していました。これはいい、と思いました。

開業しようというとき、普通は候補地をいくつも探すのが一般的です。しかし、私はここ1カ所しか見ていません。直感で決めてしまったのです。

募集申し込みを終え、早速、内視鏡など医療機器の選定に取りかかりました。ある日、卸業者の人と打ち合わせをしていたときのことです。

私が東大医学部出身だと言うと、びっくりして、こんなことを言われました。

「えっ、東大出身なんですか？　東大の先生が、まだ若いのにさいたま市で開業するなんて前代未聞じゃないですか。何があったんですか？」

同じようなことは、その後もいろいろな人に言われることになりました。例の「すごろく」で言えば、東大大学院を出たあとは、大学に残るか、市中病院に出るかが普通だったわけですから、やはりかなり異端だったのでしょう。

しかし、このクリニック開業は、私自身の大きな可能性の扉を開いてくれることになります。

新しいことをすることは、自分の世界を変えること

この章は、「孤高力」がテーマです。私の学生時代からのストーリーを通じて、周りと自分を比べないこと、周りと違っても自分がこれと思ったことをすることが大事だとお伝えしてきたつもりです。

ただそうはいっても、つい比べて、周りに合わせてしまう人も多いでしょう。特に、最近の高校生や大学生など若い人たちは「浮くのが怖い」「とにかく目立つのが恐怖なんです」というように、周りと同調する傾向が強いとも聞きます。

人と違うことをする。人がしていない新しいことをする。それはたしかに「浮く」行為ではあるでしょう。でも、なぜそれが怖いのでしょう。

よくよく考えると、周りと違うことをすることは、周りの人たちを〝否定〟することになると思っているからなのではないでしょうか。

たしかに、周りと違うことを始めると、自分を取り巻く人たちの顔ぶれは一変します。

それまでの友だちや知り合いとは自然と疎遠にもなります。

私も大学や大学病院にいたときは、大学の友人たちや同僚たちと毎日一緒の生活でしたが、開業したのちはほぼ会わなくなり、開業医の先生とばかりつき合うようになりました。2017年にAIスタートアップを起業してからは、今度は開業医の先生たちとは疎遠になりました。

でも、それでいいんです。それが新しい世界に旅立つということです。

先日、東大の同窓会に行き、久しぶりに同級生や同期のみんなに会いましたが、顔を合わせれば一気に昔に戻ります。お互い「お前、そういう道でがんばっているんだね」と、また仲良くできるものです。

5年、10年すれば、また会って楽しく笑える、別々の道に進んだことを、お互いわかり合えるときが来る。大げさに言えば、これは古今東西に共通する「大原則」のようなものです。それを知っていれば、浮くことを恐れずに済むのではないでしょうか。

周りと違うことをすることはリスクを背負うことでもあります。周りと同じ道を歩めば、それほど大間違いすることは基本的にはありません。一方で、自分だけの道は、自分で切り開かなければなりません。どこにたどり着くかもわかりませんし、そもそも道を切り開く前に力尽きるかもしれません。

ただ、道を切り開いてたどり着く先には、どこであれ、誰も見たことがない景色があるに違いありません。まだ見ぬ景色を想像しながら日々生きることは、この情報があふれ、何でもバーチャル化した世界においても、日々のやりがいと生きている実感を与えてくれるものです。

胸を張って人と違うことをするために

ちなみに、今の日本ではまだ残念ながら、起業は究極的に「周りから浮くこと」であるように思われます。

しかもスタートアップというと、メタ（旧フェイスブック）のマーク・ザッカーバーグや、マイクロソフトのビル・ゲイツのように、20代で起業するものだ――そんな、世の中の思い込みも強いように感じます。

米『ハーバード・ビジネス・レビュー』の興味深い調査があります。[注7] 米国で創業後5年の成長率でトップ0・1％に入るスタートアップの創業者は、いくつで起業したでしょうか。同誌の調査によると、その平均年齢は何と45歳だというのです。

B to Bビジネス、つまり個人ではなく法人相手にビジネスを行う場合、その業界のことをよく知らないとうまくいきません。ですから、その業界で長く経験を積んだ40代が、一番成功確率が高いということなのだと思います。

反対に、29歳未満の起業は最も成功率が低いといわれます。

2つのことを合わせて考えると、20代で一度起業を経験し、失敗することが30代、40代の成功につながっているのかもしれません。

いずれにしても、20代で起業しないとだめなんじゃないか、30代だと遅いんじゃないか、40代なんて到底無理なんじゃないか、なんてまったくのうそです。

「成功年齢45歳」の話は、世の中の常識をうのみにせず、自分で深掘りするのが大事だとも思わされます。本当のことを知ると「なあんだ、そういう選択をしてもいいんじゃないか」と一歩を踏み出しやすくなるような気がしませんか。

そういう意味では、自分で真実を調べる力も、周りと違うことをする力、すなわち「孤高力」を高めてくれるのかもしれません。

第2章　孤高力で伝えたいこと

- 自分と周りを比べることに意味はない。自分がいいと思ったことを取り入れ、自分の世界を変えていこう。
- 本当の勝負とは、自分自身が相手の勝負であり、決してほかの誰かを倒すとか、誰かに倒されるとかいうものではない。
- 昨日の自分を超えることが、自分に勝ったことになる。

第3章

傾聴力

知りたいことは、臆せず聞きに行く

医師がクリニックを開業するときは、医師開業支援専門のコンサルタントにお願いするケースが一般的です。しかし私はそうせず、実際に開業して成功している先輩に話を聞きに行き、開業の方法を教えてもらいました。コンサルタントは開業の伴走はしてくれますが、自分自身で開業した経験を持っているわけではないからです。

のちに起業するときも、このスタンスを貫きました。実際に起業し、数十億円の大型資金調達を成し遂げた人に会いに行って、起業のやり方のアドバイスをもらいました。

他人に学び、自分の力とする。この章では、人にものを聞く力についてお話ししましょう。

医師って、ずいぶん特殊な世界なんだ

前述のとおり、私は大学院で研究を終え博士号を取得してすぐ、開業の道に進みました。研究の道に進まなかったとしても、大学院を終えたら東大病院で外科医として臨床の道に戻るという選択肢もありました。

しかし、大学院在学中にその気持ちは薄れていきました。それは、世の中のことを、少しずつわかっていったことが大きかったからかもしれません。

大学院では、授業はほとんどありませんでした。半年間に一コマだけ取れば、あとは研究をやっていればいい、という環境です。もちろん研究や論文執筆にはそれ相応の時間を必要とします。

ただ、私の場合は、幸か不幸か研究に身が入らなかったことで、比較的自由な時間ができました。本来であれば研究に24時間専念しようというところを、自分の興味がずれ、いろんなことを考えるようになってしまったのです。

医師になって初めて手にした大学院での自由な時間で、私は医療分野以外のことについても興味を持つようになります。

その一つがマーケティングです。『非常識な成功法則』などで有名な経営コンサルタン

トである神田昌典さんの本を読んだり、セミナーに通ったりしました。弟がベンチャーキャピタルの会社に勤めていたので、おすすめの経営本を教えてもらって読んでみたりもしました。

そうやって新たな分野を勉強する過程でわかったのは、医療の世界がかなり特殊な世界だということです。30歳を過ぎて、「あれ、自分たちの業界は、どうやら本当に変わったことをやっているみたいだ」と気づいたのです。

たとえば外科では、どんなにうまく手術をしても、術後に患者さんの容態が急変することも少なくありません。よって、24時間つねに病院から連絡がないか気にしていないといけません。休日であっても患者さんの状態を診に行き、たとえ家族で旅行の予定が入っていても、患者さんの状態が悪ければ予定をキャンセルして、その対応をしないといけないなんてこともザラにあります。時間外給与が出る場合もありますが、多くは報酬を度外視したうえで成り立っている世界です。

年収は20代で頭打ちのことも

「当直」というシステムも変わっています。当直料こそ支給されますが、基本的には労働時間とみなされていません。よって、当直して夜間緊急手術が入り、一睡もできなくても、翌日は通常どおりの勤務となります。72時間ずっと勤務なんていうこともザラです。

また、医師には学会活動や、専門医の取得、さらには論文執筆などの学術的活動が求められますが、参加費や旅費、論文投稿費などは自ら負担していることが多いと思います。そうやって専門医の資格を得たからといって報酬が増えることは少ないですし、論文を書いたからといって、大学教授を目指す人以外には待遇面が変わるわけでもありません。つまり、多くのことが「医師の向上心」に依存しており、対価が払われていないのです。

医師は高報酬の仕事として知られています。たしかに20代で年俸が1000万円に達する人も少なくありませんが、それ以上のものを犠牲にしたうえでの給与といえます。その給与も、実はその後はあまり伸びません。

むしろ年をとると、若い頃のように体力的に当直ができなくなり、当直料のぶん給与が減るなんてこともあります。病院の院長になったとしても、2500万円とか、3000万円とかで頭打ちになるケースが多いです。

いわゆる一般の企業で働く人は、20代ではそんなに給料は高くありません。しかし、だんだんと伸びていって、トップになれば5000万円、1億円以上という年俸の人もたくさんいます。

もちろん、医師という職業自体は安定していて、リストラされる心配はほぼありません。たとえリストラされても、医師免許は全国どこでも通用する国家資格ですから、いくらでも働き口はあります。ただ、報酬という面では労力に見合っているかというと、実はそれほど魅力が大きいわけではない――。そのことに気づいてしまったのです。

辻仲病院に開業のノウハウを学びに行く

一方で開業医の年俸は平均で2700万円です。こちらもトップクラスになれば、5000万円、1億円以上と、もっともっと大きな報酬が期待できます。当直や緊急手術、夜間の電話や呼び出しも基本的にはありません。

前章で少し触れたように、こういうことがわかり始めたタイミングで、さいたま市のメディカルモール開業のニュースを目にしたのです。

私は東京生まれで神戸育ち、大学は東京ですので、埼玉とは何の縁もゆかりもありません。直感的に武蔵浦和メディカルセンターに決めたとお話ししましたが、実はそれ以外にもいくつか理由があります。

埼玉県は、人口あたり医師数が全国で最も少ないということをご存じの方もいるかもしれません。特に、肛門の専門医は埼玉県内に当時20人ほどしかいませんでした。そういう土地で胃腸科肛門科を開業すれば、きっと受け入れてもらえるし、役に立って喜んでもらえると思ったことが一つです。

加えて、第1章の最初でお話ししたとおり、内視鏡はさいたま市の宇治病院の宇治先生が開発にかかわった埼玉県発祥の医療機器です。のちにさいたま市は、全国に先駆けて2009年には自治体の内視鏡検査をスタートさせています。

これは何かの縁だ、とも思いました。

ただ、いきなり開業医になってうまくいくと思うほど楽観的ではありませんでした。まだ研修医を2年、専門医を3年ほどしか経験していません。そこで、大学院を卒業したら民間の専門病院に勤め、胃腸科と肛門科の専門知識を増やし、内視鏡の技術を磨いて開業に備えようと決めました。

選択肢に挙がったのは、大学では十分に研修できなかった肛門科を専門とする病院グループでした。その一つで、辻仲病院柏の葉、東葛辻仲病院などを擁する辻仲病院グループにかけ合うと、理事長にお会いでき、すぐに採用が決まりました。

「実は、開業準備のためにこちらに来ました」と伝えたのは、採用してもらって2カ月ほど経った頃でしたが、それでも快く受け入れてもらえました。辻仲康伸理事長にはたくさんの内視鏡や肛門手術などを経験させてもらい、積極的にさまざまな開業のノウハウも教えていただきました。その度量の大きさには、本当に感謝しています。

東葛辻仲病院では先輩・同僚の先生がさまざまなことを親切に教えてくださいました。その中で知り合ったのが、のちのＡＩ開発の盟友となる、がん研有明病院の平澤俊明先生だったのです。平澤先生も、辻仲病院に修業に来られていたのでした。

辻仲病院に在籍していたのは1年半ほどでしたが、内視鏡や肛門手術に関しては普通の病院の5年分以上、いや10年分くらいの経験を積ませてもらったと思っています。

経験していない人に話を聞くことに意味があるのか

あまりご存じないかと思いますが、日本には、クリニックを開業しようとする医師のために、たくさんの開業コンサルティング会社が存在しています。

物件選びや資金繰り、看護師やスタッフは何人雇えばいいいか、広報はどうしたらいいかなど、わからないこともたくさんありますから、開業コンサル会社にお願いする人も少なくないようです。しかし、私は使いませんでした。

正確には、フルパッケージでコンサル業務をすべてお任せしたのではなく、看護師と医療事務スタッフの募集にあたって、数十名にも及ぶ応募者への対応や面接の手配だけは開業コンサルを行っている会社に単発業務としてお願いしました。

ではなぜ、開業コンサルを使わなかったのでしょうか。それには一つ、私なりの思いがありました。

ずっと以前から、ファイナンシャルプランナーに資産運用を相談する人がいると聞くにつけ、私は不思議でなりませんでした。そのファイナンシャルプランナーが自分の資産運用に大成功した人であれば、そのやり方を聞くのに私にも疑問はありません。ただ、そんな人はファイナンシャルプランナーとして働くことをとっくに辞めて、投資家になるなり悠々自適に暮らすなりしているはずです。

実際は、相手のファイナンシャルプランナーの運用実績さえ知らないまま、大切なお金についての相談をする人が多いのではないか。私はそれが疑問だったのです。

開業コンサルも同じです。実際にクリニックを開業して成功した人が開業コンサルをやっているのならいいのですが、ほとんどはそうではありません。開業で成功した経験のある医師が行うコンサル会社もあるにはありますが、数えられるくらいしかありません。

開業コンサルは、普通のビジネスパーソンです。開業してきた人たちをかたわらでたくさん見てきたかもしれませんが、実際に開業した経験があるわけでは決してありません。

実際にすべてやったのと、脇からその一部を見ていたのとでは雲泥の差があります。コンサートの歌手と観客くらいの差で身につく実力が違うでしょう。

そういう人たちの言いなりになり、アドバイスをもらうだけならまだしも、大切な判断を任せるというのは、私には理解ができませんでした。場合によっては数百万円にもなる高額の手数料を払って、アドバイスをもらう意味がどうしても見出せませんでした。

これは私見になりますが、高額のコンサル料を払ったクリニックほど、経営がうまくいっていないという印象があります。

すでに成功している先輩に話を聞きに行った

では、私はどうしたのかというと、クリニックの開業に成功している大学の先輩方に会いに行ったのです。

「ちょっと話を聞かせてもらえませんか」とお願いすると、多くの方が快諾してくださり、すぐに会ってくださいました。

もちろん手土産くらいは持っていきますが、それで1~2時間、いろいろためになる話を無償で聞くことができたのです。皆さん実際の経験者であり、開業に成功している人たちですから、コンサルよりはるかに学びになったと思います。

当時はまだ東大卒の開業医が少なかったこともあって、「こっちの世界に来るの？　ようこそ、おいでよ」という雰囲気でした。

「こっちの世界」と言いましたが、医師にとって勤務医から開業医になるということは、鏡の反対側に行くようなものです。どういうことかというと、給料をもらう側から払う側になるということです。ボーナスももらう側ではなく、支払う側になるわけです。

実際問題、院長という人たちは、夏のボーナスを支払ったあとは「なんとか今年もみんなの努力に報いられるだけの額を支払うことができた」と一安心するとともに、冬のボーナスをどうやって支払おうかと日々考えて年末まで過ごすのです。

給料を払う側になれば、いろいろなリスクも発生しますし、カバーする業務範囲も増え、雇われているときには必要とされなかった税務や会計の知識も学ばねばなりません。しかし、リスクを取りカバーする業務範囲を広げるからこそ、リターンも期待することができます。

大学で雇われている医師にはできない医療ができる、というのも一つのリターンでしょう。経営の仕方、スタッフの採用に至るまで、すべて自分で責任を取ることになりますが、最高にこだわった医療機器をそろえるのも、最高のスタッフを時間をかけて厳選して採用するのも、思いのままです。

最新の医療機器や設備を導入するのも、大学病院だとなかなか簡単にはいかないものです。組織に稟議を通したり、予算がつくまで1年待ったりすることも少なくありません。開業医なら「これはいい」と思ったら、自分の裁量で即時に導入することができます。

自分のやりたい医療ができる。先輩方の経験談を聞くにつけ、開業への意欲はますます高まっていきました。

成功者はいつもウェルカム

お願いすると、すぐに会ってもらえたと言いましたが、私は別に強力なコネクションを持っていたわけではありません。もし勝因があるとしたら、「頼んでも、きっと教えてくれないだろう」と尻込みせず、まず門をたたいてみたことでしょう。

自分が本当に話を聞きたいと思うような人物だったら、門前払いなどせず、きっと門戸を開いてくれるはずだ！　そう信じて、まずはメールでも電話でもしてみることです。意外に相手はすんなりと応じてくれるはずです。そういった意味では、尻込みしない「行動力」も重要な要素の一つといえそうです。

そうはいっても、知り合いでも何でもない人に、どうやってアポイントを取るのか、と思う人もいるでしょう。

私はＡＩメディカルサービスを起業するとき、ＭＩＣＩＮの原聖吾代表取締役ＣＥＯや、エルピクセル創業者の島原佑基さんにお話を聞きに行っています。その当時、医療スタートアップで成功していたのは、ＭＩＣＩＮとエルピクセルが有名だったからです。

ＭＩＣＩＮの原さんは、もともと面識はありませんでしたが、東大医学部の後輩にあたります。「ディープラーニングを使いたいので、何かコラボできないか相談させてくれませんか」とお願いすると、即ＯＫをくださいました。

島原さんは当時内視鏡ＡＩを研究していらしたので、「私も胃がんのＡＩの研究をしています。意見交換させてもらえませんか」と連絡したらアポイントをいただけました。どちらもいきなりメールを送った形です。

なぜ面識も何もない人間が、聞きに行って教えてもらえるのでしょうか。私も、自分から話を聞きたいと言っておいてなんですが、彼らが私と会うメリットがどこにあるんだろうとは思っていました。

しかし、実際に話をしてみて感じたのは、「こんなふうに会ってくれるような人だからこそ、成功しているのだ」ということです。損得抜きに、同じ業界に入ってくる後進の面倒を見るような人だからこそ、成功をつかんでいるのです。逆に言えば、人をむげに扱ったりするようでは、成功はおぼつかない、ということなのでしょう。

ですから皆さんも、何か知りたいことがあったなら、恐れず聞きに行くべきです。私も相談を受けたときは、できるかぎりはお会いしようと思っています。

事後報告は怠りなく

「そうはいっても、自分は、相手に役立つ情報を何も持っていない。本当にアドバイスを聞くだけの面会になってしまって、失礼ではないだろうか」という人もいるかもしれません。

それでも、「私はこういう現場で、こういうことを実践しています」とか、「僕はこんな研究をしていて、今のところこんな結果が出ています」とか、少なくとも「私はこのようなことをやりたくて、このような計画をしています」ということくらいは話せるでしょう。

私も今、話を聞かれる立場になって思いますが、そういう新しい取り組みの話を聞くだけで、相手は十分なのです。それで年代の違う人からの視点や、最新情報を得られるのですから十分対等な取引になると思います。

「今は何もやってないんですけれど、何かやりたいんで、力をください」ではさすがに、いけません。いざ会うにあたっては、何を聞くかくらいは事前に用意したほうがいいでしょう。

ある程度のクラスの人であれば、こちらが必要な情報を的確に返してくれるので、聞きたいことをオープンに聞いてしまうのが得策です。何かを引き出すというよりは、こちらが出すものを出せば、それに見合った答えが返ってくると思います。

それと、一度会ったあとは、その後どんな展開や進捗があったかを連絡したり、報告したりしておくのが礼儀です。聞きっぱなしで、「その後どうしたんだろう?」と思わせるのが一番失礼です。

特に、誰かを紹介してもらったときは、会ってどうだったかももちろん報告してください。紹介した先との関係もありますから、こちらが思う以上に首尾を気にしているものです。

私も最初の頃、こうした事後連絡を怠って、怒られたことがあります。「もう、多田に誰かを紹介したくない」と言われたこともあります。

アドバイスのおかげでうまくことが運べばもちろん「おかげさまで、ありがとうございました」でいいですが、もしうまくいかなくても「残念ながら、うまくいきませんでした」と必ず連絡してください。うまくいかなかった理由が、期待していただいていた能力・実力に達していなかった場合もあり、そのフィードバックを聞くのは辛いことではあります。

しかし、自分の足りないところを教えてもらえたとしたら、それはとても光栄と思いましょう。改善点を考えるチャンスができたわけで、絶対に次につながります。また、案外、自分が悪かったわけではまったくなく、単に紹介してもらった方の状況とタイミングが合わなかっただけということも結構あります。

本も一つの〝出会い〟

ときには、アドバイスと逆のことを選択することもあるでしょう。こういうときは「裏切るような形になってしまった、どうしよう」と、言いづらいですよね。そんなときでも、「実は教えていただいたことと違うことをやりました」でいいのです。

大抵は「言ってくれればいいのに」という程度の反応で、「それなら、もっとふさわしい相手を紹介するよ」という人のほうが多いのではないでしょうか。

包み隠さず、連絡はし過ぎてもし過ぎることはないぐらい、したほうがいいです。

それでも、自分はどうしてもいきなり人に話を聞くのは怖い、どうしても尻込みしてアポイントが取れない、という人もいるかもしれません。

そんなときは、本を読むのでもいいと思います。本も一つの〝出会い〟です。

私も、クリニック開業にあたっては、先ほどお話しした神田昌典さんの『非常識な成功法則』や、『あなたの会社が90日で儲かる!』はずいぶんよく読みました。このとおりにやれば、日本ナンバーワンのクリニックになれると思いました。実際に経営をしていくうえで、とても参考になりました。

実際に自分の会社を経営して成功している人の本からは、明日からすぐに使える実践的な示唆が得られます。何より安価です。自分で会社経営に成功した経験がない〝名ばかり専門家〟にお金を払って話を聞くよりよほどいいと思います。

もっと言えば、いろいろな本を読むうちに、誰に何を聞くかの勘所も身について、「よし、アポイントをとろう」という気になってくるのではないでしょうか。

自分のやりたいことを、自分の裁量でする生き方

クリニック開業の話に戻りましょう。

私が開業コンサルを使わなくて済んだのは、さいたま市の再開発組合が武蔵浦和メディカルセンター全体をしっかりサポートしてくれたことも大きかったと思います。加えて、後方支援をしてくださったＪＡ三井リースの支援レベルも抜群でした。

特に、診療圏調査は役立ちました。昼間人口、夜間人口、武蔵浦和駅の乗降客数、周辺のほかの病院の状況などから、見込み客数をしっかり試算してくれていました。

開業費用の試算もしてくれましたが、その金額、実に約２億５０００万円。この数字を見たときには、さすがにひるみました。当時はまだ34歳で、大学卒業時点で７００万円の奨学金返済が残っていて（このときまでには返し終わっていましたが）、また新たに借金することになるのか……。

ただ、最悪失敗したとしても毎年１０００万円ずつ返済していけば最悪60歳までには返し終わることができるだろうと目算を立てました。今は数十億円、１００億円という単位の投資の話をしていますから、振り返れば本当に小さな金額の話だったのですが、そのときは一生懸命そろばんをはじいたものです。

最近は、私も後輩から開業の相談を受けることがあります。あるとき「金融機関から借りられなかったんです」と言うので聞くと、メガバンクにお願いしに行きましたと言うではないですか。

「それじゃあうまくいかないよ」、そう即答したものです。

メガバンクがメインで相手にするのは、10億円以上、ときには数百億円以上の融資を必要とする企業です。クリニック開業のような1億～2億円単位の事業取引は優先度が低く、後回しにされがちなのです。これも「誰に聞くか」を間違えている一例といえます。

医師が開業時に行くべきは、信用金庫や地方銀行といった、地元に根ざした数億円単位の融資をしてくれる金融機関です。私も開業時にはさいたま市の地元金融機関に行き、すんなり融資を受けられました。

初月から600人が来院

こうして2006年、武蔵浦和メディカルセンターに「ただともひろ胃腸科肛門科」がオープンしました。

ありがたいことに、開業した月にいきなり600人前後の患者さんが来院してくださいました。一般的には東京都内でも、新規のクリニック開業は患者数が初日は一ケタ、初月100人に満たないと聞いていましたので、これには驚きました。

内視鏡検査件数も、年間1000件ほどかなと見込んでいたところ、結果的には200

2006 年に開業した「ただともひろ胃腸科肛門科」のスタッフ

0件以上の検査を行うことになりました。

スタートダッシュに成功した要因はいろいろありますが、何よりもまず、メディカルモールという形態によるところが大きいと思います。私のクリニックのほかに皮膚科、内科、耳鼻科、小児科など7つのクリニックが一斉にオープンしたのですが、これが結果的によかったようです。

開業前は、同時オープンだと知った業界関係者たちの間で「患者を取り合うことになる。すぐにつぶれるぞ」とささやく声もあったと聞きます。実際、7つのクリニックが1カ所に同時オープンするのは2006年当時、前代未聞だったようです。

しかし、私は逆だと思っていました。7つのクリニックがいっぺんにできるとなれば、近隣の人たちの事前注目度はいやがうえでも高くなります。

「こんなに一度にオープンしたら、看護師も予定数集められないだろう」という声もあったようですが、これも逆でした。注目度の高いところに人は集まるのか、看護師の応募は私のクリニックだけで20人以上ありました。

そして実際にスタートを切ってみると、患者さんを奪い合うどころか、紹介し合うことになりました。整形外科に来た「どうにも腰が痛い」という患者さんを調べても悪いところがない。「症状からして、尿路結石かもしれない」と思えば、泌尿器科にすぐ紹介できます。皮膚科の診察で「実は、お腹もなんとなく痛いんです」という患者さんは、「それなら多田さんのところで診てもらっては」となります。私のクリニックで胃カメラをやっていて、たまたまのどにポリープが見つかれば、「耳鼻科に行きましょう」とすすめることもできます。

当時どのクリニックの院長も同年代の30代で、一緒にがんばろうという意識も高かったと思います。

同じ時期に、全国にはメディカルモールがたくさんできましたが、うまくいかなかったところもたくさんあります。原因の多くは利便性のよくない場所につくったこと、さらには、一般内科が入居したことが理由だと思います。

何でも診てもらえる一般内科があると、患者さんは皆そこに行ってしまって、ほかのクリニックがつぶれていくのです。その点、さいたま市の再開発組合ははなから一般内科の入居を考えていなかったようです。

日本にメディカルモールが生まれた背景には、世の中のニーズが「広く浅く診てもらう」から「専門的な医療をしっかり受けたい」へと変わったことがあります。医師の数が増え、医療が充足してきて、患者さんたちも医療の質を求めるようになってきました。その転換期に、高い専門性を持つクリニックを集めた武蔵浦和メディカルセンターはうまく対応できたのです。

患者さんの負担をいかに軽減できるか

開業にあたっては、広告費もほとんどかけていません。オープン前に、武蔵浦和メディカルセンターの合同ウェブサイトをつくったところ、予想以上のアクセスがあり、広告の代わりを果たしてくれました。ブログ形式で更新でき、サーバー代金は年間でたったの2200円です。

キャッチフレーズは「あなたにぴったりの専門家医師がきっとみつかる！」。かかりつけ医ではなく、専門の医師がそろっている。診療科目もそろっている。大病院並みのメディカルモールですよ、というメッセージを発信し、これがかなり効いたのだと思います。些末なことかもしれませんが、医師の顔写真を載せたのもプラス効果だったようです。今では普通のことですが、2006年当時は、名前だけか、あっても顔イラストのほうが多かったはずです。

マーケティング理論からすると、本人の顔写真を出したほうが、レスポンス率が数倍いということは明白です。ほかの業種ではあたりまえにしていることを医療界でやるだけでも、ずば抜けた存在になるんだなと思ったものです。

18年経った今も、このウェブサイトは基本的に当初の形のまま、更新しつつ運営されています。1日2000人以上のアクセスがあります。

さて、順調な滑り出しとなった開業でしたが、その後も患者さんは着実に増えていきました。どうも、「あそこはいいよ」と口コミで評判が広がっていったようです。多くの患者さんが、家族や親族、知人友人の紹介で来ました、とおっしゃるのです。

私自身、開業前に修業した辻仲病院の辻仲先生から「口コミにつなげるためには、一つでもクリニックに来てよかったと思ってもらえるようにして帰ってもらうといい」と聞かされていたので、特に患者さんの負担をいかに軽減できるか、つねに意識するようにしていました。

数年前に登場したばかりの経鼻内視鏡をいち早く導入したのもそのためです。経鼻内視鏡とは鼻から入れる細い胃カメラです。

苦痛の少ない大腸内視鏡挿入法を考案

それまでは、口から太い胃カメラをガツンと入れていたわけですが、経鼻内視鏡なら、5㎜ほどの細い管を鼻からそっと入れます。太い管を入れたときの「オエッ」という感覚が格段に減らせます。しかも、口が自由ですから胃カメラを入れたまま検査中に会話ができます。

検査方法に不安を感じる方のために、鎮静剤を使用して検査を受けていただく場合もありますが、基本は鼻麻酔だけでできてしまいます。5分ほどでサッと検査して、すぐに帰宅できます。

大腸カメラに関しても、患者さんの負担軽減を目指して改善と研究に力を入れて、「無痛挿入法」を考案しました。開業して4年目のことです。大腸カメラは挿入が難しく、患者さんが痛みなく短時間に入れられるようになるにはかなりの経験が必要です。腸を伸ば

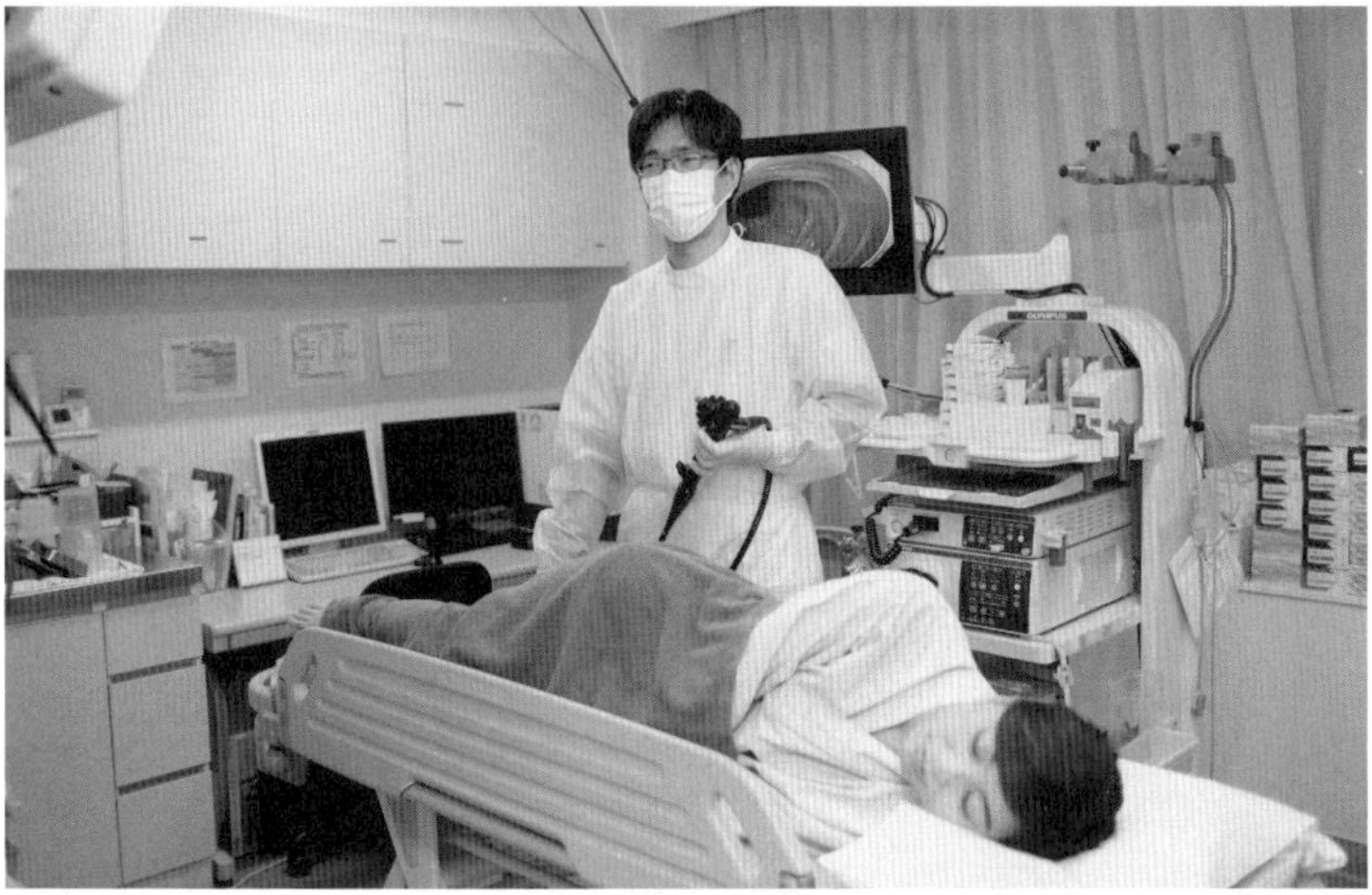

「ただともひろ胃腸科肛門科」での診療風景

さないように、無理な力をかけずに挿入することが重要ですが、人間の腸の形や伸び具合は胃と違ってかなりバリエーションがあります。挿入する微妙な力加減やカメラのひねり具合などは、実際にやってみないとなかなか他人に教えるのが難しい世界です。

その点、私が考案した「無送気軸保持短縮法」は、患者さんの苦痛が少ない大腸内視鏡挿入技術です。しかも、内視鏡医が比較的簡単に実践できるテクニックでもあります。

無送気軸保持短縮法については、医師6人の共著で専門書『行列のできる患者に優しい〝無痛〟大腸内視鏡挿入法』（中外医学社）も出版しました。医学書としてはかなり売れ行きが好調で、出版部数から換算すると全国の内視鏡医の3人に1人が購入した計算となるほどでした。今では中国語にも翻訳されて発売されています。

大腸カメラの技術は日進月歩です。以前は、大腸がんになる前のポリープや、早期がんの部位を見つけたら、電気を流して焼き切って取ったりしていましたが、そうするとどんなにがんばっても出血や穿孔《せんこう》（腸に穴が開くこと）といった合併症を起こすリスクがありました。

しかし、2015年あたりから、電気を流さずに、鉗子《かんし》（はさみのような医療器具）でつまんで切り取ったり、スネアという輪っかを回しかけてピッとひねり取ったりする「コールドポリペクトミー」と呼ばれる新しい術法が登場しました。もちろん、私のクリニックもすぐに取り入れました。

コールドポリペクトミーだと、ポリープをとった瞬間の出血は、電気を流してとった場合より多いように見えるのですが、患者さんが自宅に帰ってから起こる出血や、腸に穴が開くような怖い合併症はほぼゼロといっていい、安全で優れた処置です。こうした最先端の処置を取り入れることで、これだけ内視鏡検査を行っていますが、クリニックで起こる合併症はほとんどありません。

「何が求められているか」を起点に考える

患者負担を減らすという意味では、時間指定予約制を取り入れたのも大きかったと思います。

当時は予約した順に診る順番予約制が流行していました。患者さん一人にかかる診察時間は、診てみないとわかりません。数分で済む人もいれば、30分かかる人もいます。ですから予約してもらった順に診るのが一番いいでしょう、という考え方でした。

ただ、予約すら導入していないクリニックもまだまだたくさんありました。患者さんからすれば、行ってみての〝出たとこ勝負〟とでもいいましょうか、その日の混み具合によって待ち時間は30分かもしれないし、3時間以上かかるかもしれないというのが普通だったのです。

私たちの導入した時間指定予約制は、希望日と希望時間を電話一本あるいはネットから予約できるというものです。

患者さんによって、診療に求めるものは違います。内視鏡検査についてものすごく丁寧に説明をしてもらいたい人、あるいは説明しなければならない人もいれば、パンフレットがあれば細かな説明は必要なく、重要なポイントだけ教えてくれればいい、残りは検査当日までに読んでおきます、という人もいます。内視鏡検査を初めて受ける人と、もう何度も受けている人では、説明に必要な時間も変わります。

そうしたことをあらかじめ見積もって動くと、大抵は想定した時間内に診察を終えられます。検査を受ける前の体調確認や説明などは医師が行い、そのあと、看護師や医療事務スタッフが検査前の食事の調整や下剤の内服方法を説明するという形で、連携オペレーションも工夫しました。下剤の服用方法を動画にしたDVDをお渡ししたりもしました。今ならホームページやYouTubeにアップしておけばいいかもしれませんね。

考えてみると、こうした取り組みも一種の「傾聴力」かもしれません。患者さんが何に不便を感じているかに耳を傾けたことが、オペレーションの改善につながったのだと思います。

日本トップクラスの内視鏡クリニックに

しばらくすると、初診の患者さんがどんどん増えていきました。電車に乗って東京や大阪、遠くは青森からも来ていただけるようになりました。今では患者さんの半数以上は電車での来院者です。

一般的に、クリニックの診療圏は半径１・５㎞といわれていますが、私たちのクリニックはそういう意味では〝非常識〟だと思います。

来院動機をアンケートで調べると、「口コミで」が6割、「ネットで検索して」が3割となっています。「痛いのではないかと心配して検査を受けたが、まったく痛くなかった」「さいたま市に内視鏡クリニックをオープンしてくれてありがとう」「これからも長くやってください」といった声もたくさんいただいています。

こうして、気づけば「ただともひろ胃腸科肛門科」は1日１００人前後、月にすると約２０００～３０００人が来院し、年間８０００件近い内視鏡検査を行う、日本トップクラスの検査数を誇る内視鏡クリニックになっていました。

開業当時は今と比べたらオペレーションの面で至らないところも多々あったと思います。それでも新しくさいたま市に来た医師を、多くの皆さんが温かく受け入れてくださいました。埼玉の皆さんには本当に感謝しています。

最近では、シンガポールからわざわざ内視鏡検査を受けにきてくださる患者さんもいます。シンガポールでは、胃内視鏡の検査費用が１０００シンガポールドル、大腸内視鏡で３０００シンガポールドルもするそうです。1シンガポールドル＝１１０円として、胃カメラで11万円、大腸内視鏡だと33万円くらいになる計算です。

日本では、全額自費診療でも胃カメラは2万円くらい、大腸カメラも3万〜5万円くらいで受けられます。これだけ安価なうえに、シンガポールには導入されていないような最新機器がそろっているのです。内視鏡診療においては世界最高水準の医療が安価に受けられることを知らない方がいるとしたら残念です。「胃カメラで2万円は高い」などと思われているとしたら、本来の価値が十分に伝わっていない気がします。

ウェブメディアに10年間、署名記事を掲載

クリニックを開業して、予想していなかったことが一つ起きました。開業前から広報の一環としてブログを書いていたのですが、それを見て「おもしろい」と思っていただいた編集者から、ウェブメディアでの連載を依頼されたのです。

『JBpress』といって、『日経ビジネス』の副編集長だった鶴岡弘之さんが立ち上げたネット専業のウェブメディアです。鶴岡さんはわざわざクリニックまで来て「医療記事のコーナーをつくりたいんです」と熱心に説明されました。テーマは「明日の医療」で、中身はどんな話でもいいということで、お引き受けしました。

『JBpress』の執筆陣が実は超一流で、格の高いメディアだったことを知ったのは、

お引き受けしたあとでした。

締め切りは2週間に1度やってきます。鶴岡さんのお力もお借りしながら、２００８年から２０１７年まで、約10年にわたって連載しました。

「医療費を無料化したらどうなるか」という記事に、かなりのアクセス数があったのを覚えています。無料になれば皆、気軽に受診するようになる。クリニックはつねに混んでいる状態になる。大きな病気ですぐに診てもらわなければいけないような患者さんの対応が遅れてしまう危険が出てくる、という内容でしたが、「医師はあたりまえだと思っていることも、一般の人は興味があるのだな」とあらためて感じました。

ちょうど医師の過労死が問題になっていて、私の経験から過酷な医療現場について書いたこともあります。研修医時代に逃げ出しそうになった話も書きました。

診療報酬についても書きました。実は内視鏡検査の診療報酬は15年前からまったく同じ値段なのです。１円たりとも上がっていません。おそらく15年前と比べて缶ジュースの値段は値上げ幅が大きいものでは１・５倍くらいになっていると思いますし、消費税は５％から10％に上がっているのにもかかわらず、です。

ほかにも、ジェネリック医薬品、終末期医療、年間40兆円医療費の配分問題など、さまざまな切り口で問題提起をさせてもらいました。

ちなみにこれは記事にはなっていませんが、医師の働き方改革ということで、残業時間を大胆に減らすという議論があります。今は月２００時間もあたりまえの現状がありますが、これを２０２４年４月以降は月80時間にするといいます。そうなったら、医師の仕事のやり方も今以上に大きく変わることでしょう。医療全体の動きについても、ぜひ多くの人に関心を持ってもらえたらと思っています。全体図を知ろうとすることも傾聴力を高めることにきっとつながるはずです。

第３章　傾聴力で伝えたいこと

- 本当に結果を出している人の話を聞くことが大事。
- 会いに行くことを恐れないこと。あなたが思う以上に門戸は開かれている。
- 自分の仕事にお金を払ってくれる人たちが何を求めているかに耳を傾け、解決策を打ち出そう。

第4章

徹底力

凡事徹底、地味でもやるべきことをやり切る

ＡＩ開発というと、何かとても華々しい、そして難しい作業をやっていると思われるようです。しかし、実際はものすごく地道な作業の連続です。

最初の頃は私自身ペンを動かし、画像を一枚一枚見ながら病変部位をマーキングする作業を黙々と続けました。

どこまでも地道な積み重ねを続けることができるか、途中であきらめてしまうか。成否の差はまさにその一点にあるのではないかと考えています。

この章では、徹底してやり切る力についてお話ししていきます。

東大病院との連携が深まっていく

前章で、「ただともひろ胃腸科肛門科」は開業から数年で日本トップクラスの検査数を誇る内視鏡クリニックになったとお話しししました。

年間8000件近い検査をしていると、さまざまな症状の患者さんに出会います。中にはがんが進行した形で見つかって手術治療が必要であったり、腸の炎症がひどく入院治療が必要な症例もあったりしますが、私たちのクリニックにはそもそも入院ベッドがありませんし、手術治療は行っておりません。

そういうときは、古巣である東大病院に紹介状を書いて、診療を依頼することが多くありました。しばらくすると、東大病院への胃がん患者、大腸がん患者の紹介者数において、おそらく私たちがトップ3に入るほどになっていきました。

適切な言い方ではないかもしれませんが、東大病院側からすれば、たくさんの患者さんを紹介してくれる〝お得意様〟になったということです。

こうして、私と東大病院の距離は再び、ぐっと縮まります。

私の恩師である渡邉聡明先生が東大病院の大腸肛門外科教授に就任された際には、「肛門科診療について講義をしてほしい」とお願いされ、東大の客員講師として年に4～5回、医学部生向けの講義も担当するようになりました。ちなみにこれは、2024年現在も続けています。

肛門科で最もメジャーな疾患であるいぼ痔は、国民の3人に1人がかかるといわれます。さぞや専門医が多いだろうとお思いかもしれませんが、実は肛門科の専門医は全国に200人くらいしかいません。特に、痔で大学病院にかかる人はあまりいないので、東大病院で痔の手術は3年に1回あるかないかくらいだそうです。そこで、私に声をかけていただいたのだと思います。

客員講師になったのは41歳のときでしたが、もし大学病院にいたままだったら、この年齢ではせいぜい助教の立場だったでしょう。ところが、一度外に出て開業すると、あくまでクリニックの一院長として扱われます。

東大病院の大腸肛門外科が主催して行われる忘年会にお邪魔すると、かつて教えを請うた立派な教授と同じ席に案内されたりして、大変恐縮したものです。独立して一国一城の主になった時点で、教授とも変わらない対応をしていただけるということは驚きでした。それならば、私も院長の立場で東大病院を応援しないといけない、そんな気持ちがより一層強くなっていきました。

異業種交流勉強会でＡＩと出会う

同じ頃、私はある重要な出会いを果たします。

大学院時代に神田昌典さんの本を読んでいたことはお話ししました。彼の本がクリニック開業に大いに役立ったこともあって、その後もずっと関心を持っていました。

神田さんはかつて「伝説の実践会」といわれる会合を開いており、一時中断していたのですが、２０１３年に再開し１００人限定で募集することを知り、早速応募し、選考を通過し第1期生として参加しました。

実践会の活動は活発で、講演会や読書会、勉強会などいろいろな会が開かれていましたから、私もクリニックをさらに活性化させるヒントを得るべく、積極的に参加していました。特に、米国ではやっているマーケティング手法を、いち早く教えてもらえたのは大きなことでした。

一方で、ほかの勉強会にもいくつか参加をしていました。成功している中小企業経営者や丸の内のビジネスパーソン、霞が関の官僚などを集めた少人数の勉強会など、探すといろいろあるものです。

そんな中、２０１６年のことですが、「ＡＩの勉強会がある」というお知らせをいただきました。講師は、東京大学教授の松尾豊先生。日本におけるＡＩ研究の第一人者です。

このＡＩ勉強会が私の転機となりました。

ディープラーニングという新しい技術が出てきていること。ＡＩの画像認識能力が人間を上回ったこと――。それまで私はそんな話はまったく知りませんでした。ＡＩという言葉はさかんに言われていましたが、まさに人工知能に革命が起きていたのです。

「そんなことをやっている人は知らない」

すぐに思い浮かんだアイデアは、「画像認識能力が人間を超えているのであれば、内視鏡医療に応用すればいいのではないか」というものでした。ＡＩのほうが人間を上回っているのであれば、ＡＩを医療に取り入れることで、医療がもっとよくなるに違いない。誰でも思いついたことだと思います。

講演のあとの懇親会で、松尾先生に早速こう聞いてみました。

「内視鏡医療分野でのＡＩの活用は、さすがにもちろん誰かがすでにやっていますよね」

すると、思ってもみない言葉が戻ってきました。

「そんなことをやっている人は知りませんね」

本当に誰もやっていないのだろうか？　翌日からネットでできるかぎり検索してみたのですが、たしかにその当時は世界で誰もそのような研究を進めている人は見あたりませんでした。表立って活動している組織もありませんでした。

あるとき、開業以来クリニックをサポートしてもらっていた、がん研有明病院の平澤俊明先生にこの話をすると、「へーっ、そうなの？」と興味を示してくださいました。

平澤先生は内視鏡のエキスパートで、当時『通常内視鏡観察による早期胃癌の拾い上げと診断』（日本メディカルセンター、共著）を執筆し、大きな話題になっていました。2016年に最も売れた胃がん診療の本の一つだったと思います。

先生はこの本を書くために、早期胃がんについての画像データを集められていました。「ちょうどデータはあるから、それで胃がんのＡＩ研究開発をやってみようか」

そんなスモールなスタートでした。講演を聞いた3カ月後、2017年1月のことでした。

ＡＩの最大のポイントは、良質な教師データ

ＡＩの画像認識能力が人間を上回ることができたのは、ＡＩが大量の画像データを取り

込み、自らで画像の特徴を判別することができるようになったからです。

それまでは、人間が覚え込ませたい画像の特徴を見つけ出し、プログラミングコードを書いて、見つけ出した特徴をＡＩに教え込む、というステップを踏んでいました。これだと、人間が特徴を見つけ出してプログラミングしている時点で限界があります。

その点、ディープラーニングと呼ばれる、人間の脳の働きを模したプログラムは、ＡＩが自分で特徴を抽出することができます。胃がんであれば、どれが胃がんでどれが胃がんでないかのデータを徹底的に覚え込ませると、ＡＩは自らどれが胃がんで、どれが胃がんでないかの微妙な特徴を判別することができるようになったのです。

このとき、覚え込ませるデータを「教師データ」といいます。精度の高いＡＩを構築するには、できるだけたくさんの教師データが必要になります。しかも、良質のデータであればあるほどいいわけです。これは人間が何かを学習するときと同じです。学習材料が正確で、レベルが高くて、たくさん学習したほうがいいわけです。

胃がんであれば、最低でも数千症例が必要になると思いました。しかも、きれいに撮影されていなくてはなりません。

数千と言いましたが、これは途方もない数です。「ＡＩ×内視鏡」の組み合わせがそれまで実現されていなかったのは、誰かが思いつきはしたけれど、十分なデータの量と質を確保するのが難しいという問題があったからなのかもしれません。

私たちが幸運だったのは、平澤先生に加えて、がん研有明病院からもデータを提供してもらえるようになったことでしょう。がん研有明病院は質量ともに世界最高レベルの早期胃がん画像データを保有していました。

木を切る前に、ノコギリをつくる必要があった

さて、データの目星はつきました。次に必要なのは、ＡＩが扱えるエンジニアです。ある後輩に「誰か知っている人はいないか」と聞くと、「自分はＡＩが専門ではないのでその業務はできないが、友だちに、元ソニーのエンジニアで山形に住んでいる男がいる」というではありませんか。

すぐに紹介してもらいました。世界初のピロリ菌鑑別ＡＩ論文、世界初の胃がん検出ＡＩなどの論文成果をつぎつぎに出すことになる〝話のわかるエンジニア〟青山和玄《かずはる》さんと、のちに製品開発部門で中核を担う凄腕エンジニアの遠藤有真さんの二人です。

少しあとには、元ソニー副社長の久寿良木《くたらぎ》健さんと一緒に働いたことがあり、ＡＩ開発から実装まで幅広くこなせる加藤勇介さんも応募してきてくれました。ずば抜けて優秀で、

面接時にはすでに複数社から内定をもらっているという話でした。

それでも私たちのアイデアに興味がありそうでしたので、会って早々、忘年会に誘いました。鍋をつつきながら、共同研究をしている先生方から「このプロジェクトは絶対おもしろくなる」と力説されたようです。そうそうたる競合を蹴って、「製品化にはまだまだクリアしなければならない課題があるので手伝ってみます」と入社を決めてくれました。

こうやって仲間が増えていったＡＩメディカルサービスでしたが、実際にスタートしてみると、ＡＩを研究する以前にやらなくてはならないことがいくつも見つかりました。言ってみれば、木を切る前に、木を切るノコギリをつくらなければいけなかったのです。

どういうことでしょうか。医療機関から画像データを集めるにあたっては、患者さんの情報をすべて匿名化しなければなりません。それも単に個人情報保護法をクリアすればいいというレベルではなく、さらに厳しい「人を対象とする生命科学・医学系研究に関する倫理指針」や、「医薬品、医療機器等の品質、有効性及び安全性の確保等に関する法律（薬機法）」をクリアしないといけません。

異業種から医療の分野に参入するハードルが高いのは、おそらくこうした医療関連法の解釈が難しいからではないかと思います。何か一つでも抜け落ちると、ゼロからやり直しになってしまうこともめずらしくないのです。

数千にも及ぶ画像データを一枚一枚匿名化していては、らちがあきません。自動で匿名化処理するツールを新たに開発する必要がありました。もちろん、当時そんなソフトウェアは市販されてはいませんでしたから、自分たちでつくる以外の選択肢はありませんでした。つまり、画像データという木を切る前に、ソフトウェアというノコギリをつくる必要に迫られたわけです。

幸い、匿名化処理ソフトは無事完成します。しかし、次に待っていたのは、さらなる難関でした。

気の遠くなるような「アノテーション」作業

内視鏡ＡＩに読ませる教師データは、平澤先生とがん研有明病院のデータに加え、私のクリニックが保有しているデータ、私が開業前に修業させていただいた辻仲病院、さらには後輩の大西達也先生が院長を務めるらららぽーと横浜クリニックから提供していただくことになりました。らららぽーと横浜クリニックは、クリニックとしては国内最大級の内視鏡検査数を誇ります。

いよいよ、ＡＩに読み込ませるための画像を加工するアノテーション作業のスタートです。アノテーションとは、教師データの一つひとつに、タグやメタデータと呼ばれる情報をつけていく工程のことです。

具体的に言うと、たとえば一枚の胃がんの内視鏡画像があるとします。ただ、その画像のすべてが胃がんになっていることはほとんどありません。多くは、一部だけが異常所見（がん）になっています。よって、ＡＩに「ここからここまでの範囲ががんだよ」と手作業でマーキングし、教え込む必要があります。

しかし、ここで大きな山が立ちはだかります。

ＡＩの精度を上げるためには、正しい教師データを用意しないといけないということくらいはわかっていたつもりでした。しかし、実際に手を動かしてみると、想像以上の精密さで病変部位をマーキングしていかないと読み込んでくれないことがわかったのです。

寸分の間違いもないように、胃がん、特に早期胃がんをマーキングするためには、医師の目が必要です。

いつでもどこでも作業できるよう、ウェブ上でマーキングできるシステムを独自に開発はしていましたが、一枚一枚、「ここががんだよ」という範囲をマーカーでぐるりと囲み、中を塗りつぶす。それを数千枚——まさに、気の遠くなるような作業です。

ただ、このステップをおろそかにすることはできないと思いました。

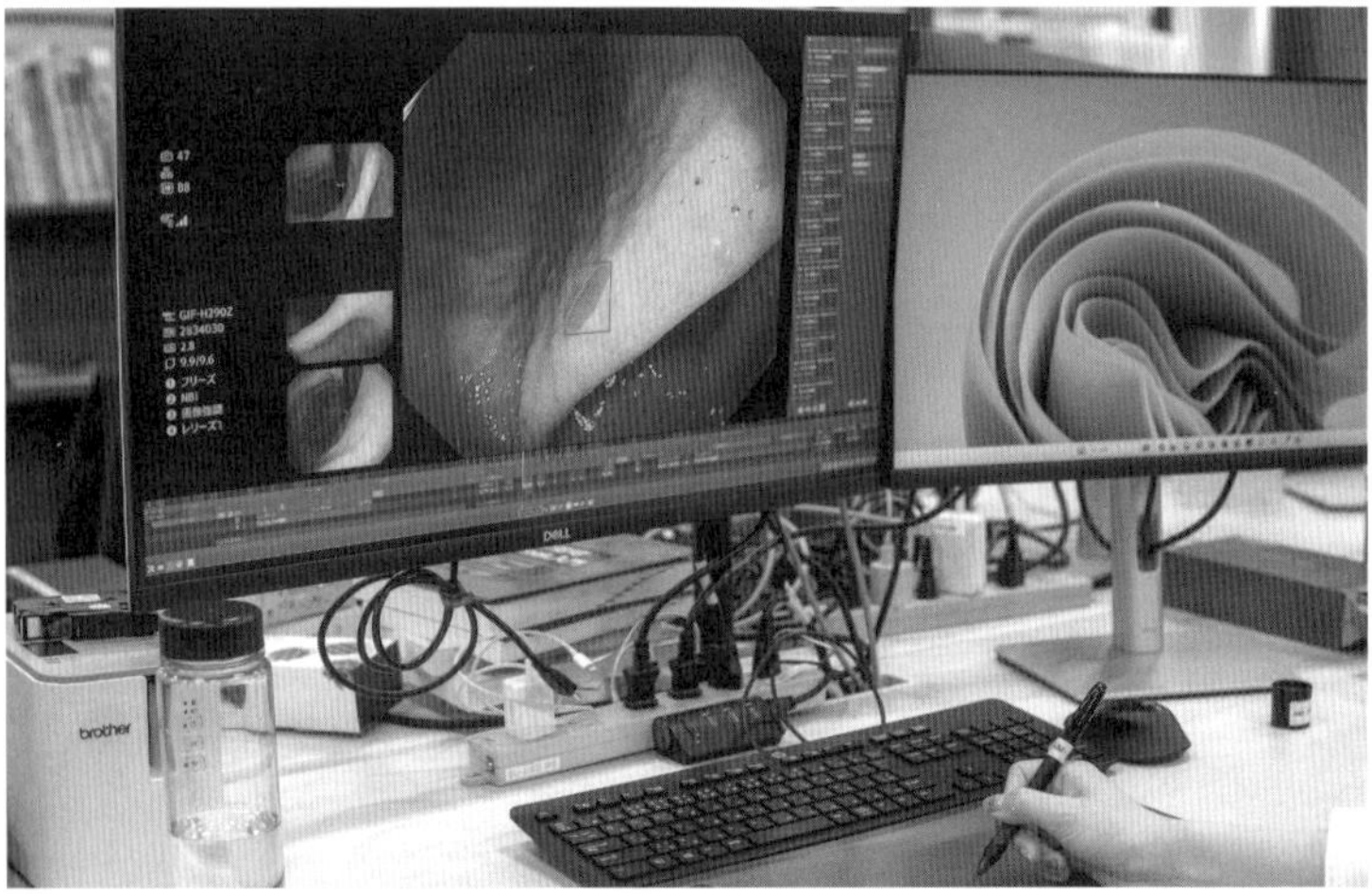

AIに読み込ませるための画像を加工するアノテーション作業

「ポテトフライをつくろうとするときに、ジャガイモをただ油の中に放り込んでも、ポテトフライにはならない」。私がよく言うたとえです。ちゃんとジャガイモを洗って、しっかり皮をむいて、求める太さに刻んで、適温の油の中に入れ、時間をかけて揚げなければ、思うようなポテトフライにはなりません。

データづくりは私と平澤先生が手分けして行いました。最初の1年ほどは、クリニックで診察の合間などに時間を見つけては、せっせとアノテーション作業に励みました。昼休みはもちろん、1～2分のすき間時間があれば、画像データをひっぱり出して塗っていました。

それでも、平澤先生からいただいたデー

タは、胃がんがあるとわかっている人の画像でしたから、部位も見つけやすいところがありました。ただ、がん研有明病院のデータは早期がんのものも多く、胃がんか胃がんでないかわかりづらい画像から胃がんの部位を探し出すのに本当に難儀しました。最終的には大半を平澤先生にお願いして、全部のデータを処理し終えることができました。

世界の誰もやっていなかった

アノテーション作業には想定以上に時間も労力もかかりましたが、焦りはありませんでした。

大企業が参入してくる可能性もあるとは思っていましたが、大きな組織というのは基本的に意思決定が早くありません。既存事業ですでに利益が出ているところに経営資源を投入しているので、まだどうなるかもまったくわからない可能性だけの新規分野には慎重です。社内で一人でも反対があったりすると、予算も多くつけられなかったり、スピードがガクッと落ちることもあります。第1章でもお話ししたイノベーションのジレンマです。

「絶対に自分たちのようなスピードではできないだろう。このままのペースで完了すれば、世界初になる」、そう確信していたのです。

実は、最初に成果を出すことができたのは、胃がん検出ＡＩではなく、内視鏡画像から胃がんの原因であるピロリ菌がいるかいないかを見分けることができるＡＩでした。２０１７年10月のことです。

ピロリ菌が胃がんの原因であることはご存じの方も多いかと思います。内視鏡検査中にピロリ菌にかかっているか、かかっていないかを鑑別することができれば、検査後すぐにピロリ菌を除菌して、結果、胃がんの予防につなげることができます。

もともとは、胃がん画像のアノテーション作業と並行して、「ピロリ菌とＡＩの組み合わせというのもおもしろいし、誰もやっていないからやってみようか」くらいの感覚からスタートした話でした。このとき、一緒に研究に取り組んでもらえたのが、ピロリ菌研究で東大の博士号を取ったばかりの、大阪国際がんセンターの七條智聖《さとき》先生でした。

ピロリ菌感染有無の鑑別ＡＩは、内視鏡医による手動診断に比べより高い精度で、かつ著しく短い時間で診断することが可能であると報告されました。

ピロリ菌×ＡＩの論文に世界が驚いた

世界初のピロリ菌有無の鑑別ＡＩの開発に成功――。

私は早速、論文で発表しようと考えました。ちょうど翌月（2017年10月）、内視鏡医と消化器医が全国から2万2000人ほど集まる日本最大の消化器関連学会週間、JDDW（Japan Digestive Disease Week）が予定されていたので、迷うことなく演題にエントリーしました。

この頃にはピロリ菌だけでなく、胃の部位判定に関しても世界初の成果が出ていましたので、それについてもエントリーしました。

東大の教授にも事前に話をすると、「これはおもしろい。新規性もあるし、すごくいい内容だよ。演題として採択されるのは間違いないだろう」と太鼓判を押されました。

ところが、学会側から、すべての演題を落とされてしまったのです。

今、振り返ると、そもそも学会の演題応募要項に沿っていない内容でしたし、AIそのものが学会のテーマに採択されるには早すぎたのかもしれません。

しかしこのときは、「まったく新しいチャレンジに対して、それはないだろう」とひどくがっかりしました。こうなったら日本の学会にはもう出してやるものか、とも思いました。

そこで海外の科学雑誌に掲載してもらおうと、世界五大医学誌の一つである『ランセット』が出している『EBioMedicine』にピロリ菌鑑別AIの論文を持ち込んだところ、見事掲載されました。もう一本の、胃の部位判定ＡＩに関する論文も、『ネイチャー』が出している『Scientific Reports』に掲載されました。

これが、国内外の関係者に大きな衝撃を与えることになりました。

「埼玉の開業医がなぜこんな論文を？」

ピロリ菌をＡＩが鑑別するというのもさることながら、医療関係者の間では、「大学勤務でもない、埼玉の開業医がなぜ、世界的な科学誌に載るような論文を出したのか？」という驚きも大きかったようです。

論文は七條先生はじめ複数の先生方と一緒につくりましたが、末尾にある執筆者のラストオーサー、つまり最後に名前が出てくる論文の中心者が私になっているものですから、「多田？　こいつ誰？」といった感じだったのでしょう。

それもそのはずで、開業医が論文発表するのは当時も今も難しいことに変わりありません。病院ほど研究設備がそろっていませんし、しかも診察に忙しいわけですから、仕方ありません。

しかも、医学研究には患者さんのデータを使うことが多いため、先ほどもお話しした倫理指針をクリアしなくてはいけません。具体的には、どこかの倫理審査委員会に研究内容を承認してもらわないといけないのです。

ところが、基本的に倫理審査委員会というのは、通常大学ないしは大病院グループにしか設置されていません。ここは医療業界の何とも旧態依然たるところだったのでしょうが、以前は、〝鏡の反対側の世界〟に行った開業医は、倫理審査委員会にアクセスすること自体ほぼ不可能だったのです。

しかし2016年、日本医師会の羽鳥裕理事（当時）が、「開業医でも研究ができるようにしないといけないのではないか」という考えのもと、日本医師会の傘下に倫理審査委員会をつくりました。私たちも、この新しい委員会を使うことができました。日本医師会の倫理審査委員会を使った研究事例として5例目だったと聞いています。

日本医師会倫理審査委員会の方々には、その後研究変更手続きがどんどん煩雑になっていく中で、世界的な研究を数十本出していく対応をずっとしていただきました。

「そんなことに日本医師会のお金を使うのはいかがなものか」という意見もあった中、羽鳥理事が思い切った判断をしてくれていなければ、開業医である私は研究を始めることすらできず、論文を出すこともできませんでした。感謝してもしきれません。

ちなみにこのピロリ菌鑑別ＡＩ論文の内容は、ウェブ版で誰でも自由に見られます。

欧州内視鏡学会で最優秀賞に

そして2018年1月、ようやく念願の「胃がん検出のAI」の開発成功を全世界に向けて発表します。

胃がん検出のAIとは、内視鏡画像中に胃がんの可能性がある病変部をAIが見つけると、その部位をマーキングして医師に知らせてくれるというものです。

その内容が世界最高峰の胃がんを専門に扱う英文雑誌『Gastric Cancer』に掲載されたところ、国内のみならず世界から衝撃を持って受け止められることになりました。

さらには、4月に行われた欧州最大の消化器内視鏡学会（ESGE Days 2018）で、平澤先生がこの研究内容を発表すると、驚くことに最優秀演題賞を獲得しました。

次いで、世界最大の消化器病学会である米国のDDW（Digestive Disease Week 2018）でも演題に採択され、大反響を得ました。

世界最大の消化器病学会であるDDWには、日本からもトップクラスの内視鏡医や消化器医がたくさん出席しています。その数500人に上るでしょうか。彼らを通じて、私たちの胃がん検出AIの存在は日本でも一気に知名度を上げることになったのです。

すぐに、各メディアから取材の申し込みが殺到しました。『朝日新聞』、『読売新聞』、

『毎日新聞』、『産経新聞』など、大手新聞社にはひととおり記事を掲載していただきましたし、テレビ番組にもつぎつぎに取り上げていただきました。

その中で早速、特番を組んでくれたのが、第1章の冒頭で出てくるNHK『サイエンスZERO』です。取材にたっぷり3日間ほどかかってびっくりしたのを覚えています。それ以上に時間をかけて取材してくれたのが、やはり冒頭で紹介したテレビ東京の『ガイアの夜明け』でした。

AIのポテンシャルを痛感し、動画にシフト

胃がん検出AIに対する大きな反響と期待をひしひしと受け止めながら、私たちはこの頃からさらに新しいチャレンジを始めます。

それまでは、内視鏡で撮影した画像をAIに学習させる形で開発を進めてきました。画像というのはつまり静止画です。これまでお話ししてきたように、医師会が画像をダブルチェックしている現状を改善したいというのが、モチベーションの一つだったためです。

ところが、静止画を教師データとしてAIの開発をしているうちに、AIの認識スピードが想像以上に速いことがわかってきます。画像1枚あたりの処理に必要な時間はわずか

０・０２秒です。一瞬で判定できてしまうのです。

このスピードを生かさない手はありません。「これほどまでに速いなら、静止画ではなく、リアルタイムの動画でもＡＩ判定できるのではないか」というアイデアがむくむくと湧いてきました。

あたりまえですが、静止画だと、撮影した角度からしか判定できません。動画なら、いろいろな角度から撮った情報を総合してＡＩに学習させることができます。そのほうが、精度が上がるだろうとも考えました。

動画は、１秒につき画像30枚に相当します。それならいけそうです。

こうして私たちは、２０１８年４月から、内視鏡検査をしている最中にリアルタイムで画像判定できる「動画リアルタイムＡＩ」の開発に乗り出したのです。それと同時に専用の録画装置も開発し、静止画ではなく、ハイビジョン動画収集も開始しました。

再び例のアノテーション——画像にマーキングする作業の〝動画版〟が始まりました。すでにピロリ菌鑑別ＡＩと胃がん検出ＡＩのために数千のデータを蓄積していたわけですが、動画にするとなるとそれでは全然足りません。

気が遠くなるような「ぬりえ」作業

画像ではなく動画にマーキングするのは、予想以上に手間のかかる作業でした。今思い返しても、すさまじい作業だったと思います。

まず、動画をパソコン画面に映し出し、病変の映っているところを探します。目安をつけたら、細かくコマ送りしながら、何分何秒から何分何秒まで病変が映っているのかチェックしていきます。

わずか数分の映像でも、慣れないとこれだけで1～2時間かかってしまいます。

次に、病変が映っている範囲をクリックしていき、「ここはがんだよ」と塗っていきます。最初は少し太いスタイラスペンを使っておおまかに塗ったあと、細いスタイラスペンに替えて細かなところまで整えて塗りつぶしていきます。

それを一枚一枚、やっていくのです。1本の動画からだいたい数百枚のコマ画像を切り出します。それを数千本……。考えただけで気が遠くなりそうです。

この頃には、スタッフが十数人に増えており、朝から晩までパソコンに向かって作業してくれていました。私はこのとてつもない作業からは離れ、監修を中心に担当していました。

スタッフには、アノテーション専門のトレーニングを受けてもらっていますが、熟練になっても一つの動画に数時間はかかる作業でした。そのぶん、教師データのクオリティには徹底的にこだわってきたと自負しています。

ただし、これまで説明してきたのは当時のやり方です。ＡＩの進化はすさまじく、今ではマーキング作業にもＡＩを活用し、半自動で教師データをつくれるようになっています。ですから日々、すさまじい勢いでデータが積み上がっています。

内視鏡の動画データを提供してもらっている協力医療機関は１４０施設を超え、収集した動画も20万本を超えました。

ＡＩメディカルサービスを設立

ＡＩ開発というのは、何かとても華々しいことをやっているように思われるかもしれません。しかしこれまでお話ししてきたように、実はものすごく地道な作業の連続であることがおわかりいただけたのではないでしょうか。

画像の匿名化作業もそうですし、アノテーションも同様、その前段階では、医療機関からデータを提供していただくべく、一件一件自分で回って説明をして歩きました。内視鏡室に私たちの録画機器を設置するにあたっては、その医療機関の倫理審査委員会を通したうえで、医師、看護師、医療事務、検査技師に説明することも欠かせませんでした。

ただ、こうした地味な積み重ねこそが、ほかからすればものすごく高い参入障壁になっていると思います。どこかの会社が同じような画像診断支援ＡＩを開発したいと思っても、これから同じだけのデータ量を集めるのは、簡単なことではないでしょう。

さらに言うと、私たちのチームのような人材を今から育てるのも大変なことだと思います。

チームと言いましたが、２０１７年10月のピロリ菌の鑑別ＡＩ、２０１８年1月の胃がん検出ＡＩに先んじて、私は２０１７年9月に会社化を決断し、ＡＩメディカルサービスを設立しました。

開発も進み、成果も出始め、さらに多くの教師データづくりも必要になる中、クリニックを運営しながら片手間でやっていくのは難しくなってきていたためです。エンジニアも、いつまでもアルバイトで雇っているというわけにはいきません。

きちんと正規雇用をし、新たにアノテーション専門のスタッフなども採用し、しっかりした体制づくりをしていかなければ、何年もかかる研究開発、実用化まで続けることはできないだろうという判断でした。

会社にしたことで、そして、多くの株主から資金を調達することができたおかげで、優秀な人材がさらに集まるようになりました。CFO（最高財務責任者）には、AIスタートアップを上場に導いた人材を迎えることができましたし、すでに大企業になったメガベンチャーの経営企画にいた人材も入社してきたりしています。

起業コンテストとインキュベイトキャンプでもまれる

AIメディカルサービスの設立までに、経験しておいてよかったと思っていることがあります。それが、ピッチコンテストです。

最初に参加したピッチコンテストの名は「BRAVE」。大学発スタートアップ最大のピッチコンテストといっていいと思います。私が参加したのは、知人に声を掛けられたのがきっかけでした。

BRAVEは単なるコンテストではなく、3カ月にわたってチームを組み、上場経験のある講師陣とコミュニケーションしながら事業計画を練っていきます。この経験を通じて、会社をつくるのに必要なことをすべて教えてもらったといっても過言ではありません。事業計画のつくり方からチームのつくり方、資本政策のやり方まで、実際に起業をした経験

「Incubate Camp 10th」のちに10億円の出資を決めてくださることになる村田祐介さんと一緒に　©BRIDGE

のある人たちが教壇に立ち、みっちり教えてくれるのです。

結果的に2017年のBRAVE Springで、私は起業前部門で優勝し、優勝資金として200万円の事業化支援金と、2000万円の投資オファーを受けました。しかし、2200万円では今後の開発の費用にまったく足りないというのが本音でした。

ただ、副賞といいますか、リクルートが運営していた渋谷のインキュベーション施設「TECH LAB PAAK」に半年間入居する権利ももらえました。テックスタートアップの人たちが集まる施設で、インキュベイトファンドの人たちが指導に来てくれていたのですが、そこで耳にしたのが「インキュベイトキャンプ」というイベントでした。

インキュベイトキャンプは、起業家と、日本国内のベンチャーキャピタルおよび投資家がたくさん集まるピッチイベントで、国内の有名投資家がほとんど集うことからオールスターキャンプとも呼ばれていました。

その場で数億円の投資が決まってしまうこともあります。少なくとも2億円、多ければ4億円、場合によっては10億円が動くと聞きました。いったい総額いくらのお金が動くんだろう？　日本にもそんな世界があるんだ……。これは参加しない手はありません。

2017年開催の10thインキュベイトキャンプで、私は総合3位になることができました。賞金も何も出ませんが、このときのご縁でのちのち大きな投資を受けることにつながっていきます。何より、一つの自信を得るきっかけにもなりました。

成功者にたくさん会って「あたりまえ」が変わった

BRAVEとインキュベイトキャンプでは、さまざまな出会いもありました。

特に印象に残っているのは、BRAVEに講師として来ていたACCESS創業者の鎌田富久（Tomy Kamada）さんです。マイクロソフトのビル・ゲイツと日本人で唯一話せるといわれていた人で、今は医療ＡＩのエルピクセルの代表取締役です。

あるとき、事業計画の模擬プレゼンで「日本ではうまくいかないと思われるので、インドネシアから始めます」と説明した参加者がいました。

すると、鎌田さんはこう一喝されました。

「なんで日本でうまくいかないのに、インドネシアがうまくいくの？　おかしくない？」

一方で、日本国内での小さな成功を考えている人には、こうハッパをかけていました。

「なぜ日本だけでやろうとするんだ？　なぜ最初から世界を目指さないの？　スタートアップは最初から世界を目指すつもりでやらないとだめだよ」

ほかにも、米国で成功したビジネスモデルを日本でやる、いわゆるタイムマシン経営のプレゼンにも厳しいダメ出しをされていました。

指導は厳しかったですが、極めて本質を突いたものでした。何よりご自身が、世界初の携帯電話向けウェブブラウザを開発し、会社を成功させ、その後はエンジェル投資家として活躍されているわけで、そうした経験談は抜群におもしろいのです。私の中にあったスタートアップのイメージはどんどんポジティブなものになっていきましたし、会社を成功させたあとのその先の姿までイメージできるようになりました。小さくまとまっている場合じゃないぞ。そう思いました。

ペプチドリーム創業者である菅裕明さんの講義も強く印象に残っています。大学で教えながら、上場を果たし、時価総額数千億円の会社に育て上げた方です。「東大教授もやって、起業して、実はバンドもやっています」という話を聞いて、なるほどそういうものなのか、と刺激を受けました。自分にもきっとできるし、このくらいの存在を目指さなければいけない、と思ったものです。

最初に話を聞いた起業家が菅さんだったので、ペプチドリームが私にとってのデフォルト、目指すべきスタートアップ像、経営者像になっています。

インキュベイトキャンプに参加していた投資家たちは、とにかくエネルギッシュでした。会期中、プログラムが終わるのは夜中の2時になります。そこから朝までずっと飲み明かしているのです。それも毎晩です。なんてタフな人たちなのでしょう。

普通に過ごしていたのでは、まず出会わないであろう桁外れの成功者たちに触れることで、自分の中の「あたりまえ」が変わっていきました。もっと大きなことができる。世界に出ていくことができる。もっと多くの人の役に立つことができる。もっと大きな仕事の醍醐味を味わうことができる……。

人生には、まだまだ大きなポテンシャルが潜んでいることに、あらためて気づかせてもらうことができたのです。

ファンドがお金を出す条件を知る

とはいえ、ＢＲＡＶＥでは賞金２００万円と２０００万円の投資オファー、インキュベイトキャンプでは賞金は出ませんでした。会社を設立するのはいいが、事業を研究開発フェーズから社会実装フェーズに進めるうえで必要な巨額の投資資金をどうやって集めていくのか、皆目見当がつきません。

あるベンチャーキャピタルからは、「エンジニアと医師だけの会社には、お金は絶対に出さない」と告げられました。経営ができる人材を呼んでこい、つまりＣＯＯ（最高執行責任者）を誰か連れてこいというのです。

言われてみればそのとおりで、エンジニアは技術をとことん突き詰めたがる傾向があるため、技術研究開発だけで終わってしまい、製品化まで進まない可能性もあります。医師は「患者さんのためなら、世の中の役に立つことなら」と、会社の利益度外視の決断を下しがちであることも自覚していました。

ですから、ちゃんとチームとして、実社会のビジネスを理解している社長経験のあるＣＯＯを入れろよ、ということだったのでしょう。

エンジニアとは、「ＣＯＯをやってもらうとなれば、やはり医療スタートアップで成功した人でなければ難しいのではないか」と話し合いました。失敗経験も持っているとなおよしです。

二人から同時に出た言葉は、「そんな人がいるわけないよなあ」。いたとしても、そんな経歴と成功経験を持った人物が、まだビジョンだけしかないスタートアップに来てくれるわけがありません。

そんなとき、日本最大級の医療の口コミサイト「ＱＬｉｆｅ」の人と話をする機会がありました。医療スタートアップとして成功した会社です。

「ただともひろ胃腸科肛門科」がＱＬｉｆｅのテストマーケティングに協力したことがきっかけで、おつき合いを続けていました。

あるときふと、「社長は最近どうされていますか」と尋ねると、返ってきたのは驚きの言葉でした。

「会社を売却したので、今はいません」

びっくりしました。創業者の山内善行さんは、会社を医療情報専門サイトのエムスリーに売却し、半分、引退している状態にあるというのです。まさに医療スタートアップの創業経験者。これは絶対にお会いして話をしにいかねばなりません。

1億4000万円を私財から

すぐに連絡を取り、AIメディカルサービスのCOO就任を打診しました。本当は1年ほどゆっくりされたかったようですが、何回かの会食ののちに創業メンバーとしてフルコミットしてくださることを快諾していただけました。

2017年9月、AIメディカルサービスは、埼玉県を本店所在地とし、CEO（最高経営責任者）の私とCOOの山内さん、そしてエンジニア2人の計4人で、神楽坂の小さなアパートの一室から事業をスタートすることになりました。私がCEOとして製品開発、共同研究推進、研究開発などの対外的なところを見て、山内さんにはCOOとして管理部門を中心に社内のことを見ていただくことになりました。

さらに「AIメディカルサービスの事業は、世界にチャレンジできて、かつ、勝てるポテンシャルがある」と、山内さん自身も出資してくれることになりました。

前にお話ししたとおり、私の弟はベンチャーキャピタルで働いていましたので、起業にあたっては、さまざまな助言をもらいました。

弟は「資金が自分で出せるなら自分で出したほうがいいよ」と言います。もし資金が潤沢にあるのであれば、上場まで自己資金でやってもいい。資金繰りをめぐるストレスなく、

AI メディカルサービスを創業（当時のオフィスにて）

事業に集中できるというのです。

先輩の起業家からも「ある程度ぎりぎりまでは自己資金で行ったほうがいい」というアドバイスをもらっていました。そこで、出せるだけのお金は出そうと思い、自分で1億4000万円を出資することにしました。プラス、山内COOからの1億円で、合計2億4000万円。最初はベンチャーキャピタルのお金はいっさい入れませんでした。

わざわざ私財を投じなくても、と思われるかもしれません。

これから研究にさらにお金がかかり、製品化も控えています。いわゆるスタートアップの「死の谷」を越えなければいけません。スタートアップは、この死の谷で大半が消え失せてしまうと言われています。私の1億4000万円もパーになる可能性はありました。

それがわかっていても、私財を入れたのは、あくまでも自分でリスクを取りたいと思ったからです。最初からすべて他人のお金ではなく、自分のお金でリスクを取る。起業するうえでの責任と言いますか、自分自身がやり切る覚悟を持たなければ。そんな気持ちがありました。

AIメディカルサービスのCEOに注力

予想していたことでしたが、最初の2億4000万円は2年弱しか持ちませんでした。年を越したあたりから、「これは、1年以内には資金調達をしないといけないな」という感じになってきました。

ただ、心あたりはありました。例のインキュベイトキャンプ終了時に、インキュベイトファンド代表パートナーの村田祐介さんからは「すぐでなくてもいいので、いずれぜひ出資させてほしい」というお話をいただいていたのです。

ほかの会社からも出資の打診は受けていたのですが、ほとんどが2億円、3億円という単位だったのに対して、村田さんは最終的に「10億円出します」と男気のある話をくださっていました。

第１章でもお話ししたとおり、分割して複数の投資を受けて投資家の数が増えると、投資家とのコミュニケーションコストが増えてしまいます。その意味で、１社10億円というのはありがたいお話でした。「これだけお金があれば、プロトタイプ（試作品）の完成までいける」、そう思いました。

村田さんに出資していただいたあと、ＡＩメディカルサービスは、シリーズＢで46億円、さらにはシリーズＣでソフトバンク・ビジョン・ファンド２等から80億円と調達が決まっていくことになります。

２０１９年12月、私はクリニックの院長を大学医局の後輩で、医療技術・人格ともに優れている柴田淳一先生にお願いすることにしました。

それまではまだ診療も続けていて、ＡＩメディカルサービスのＣＥＯ業務と兼任できていたのです。ただ、巨額の投資もいただき、製品化も近づいてきて、もはや片手間にこなせる代物ではなくなっていました。

このタイミングでＣＥＯを誰かに譲ったり、開発した技術を他社に供与したりする選択肢がなかったわけではありません。そうしなかったのは、ＡＩのことも内視鏡のこともわかり、かつ自分と同じくらいの情熱を持って事業に取り組んでくれる人はほかにいないと確信していたからです。

クリニックを開業するときには、辻仲病院で修業したことを大いに参考にさせてもらいました。しかし、プログラム医療機器（デジタル技術を活用して診断・予防・治療を支援するソフトウェアとその記録媒体を含むもの）業界は２０１７年頃からできた新しい産業ですので、まだお手本がありません。自分で道を切り開いていかないといけない。今も臨床現場には立っていますが、時間のほとんどをＡＩメディカルサービスの経営に使っています。ＡＩメディカルサービスのＣＥＯに軸足を置くことで、覚悟はより強まったと思います。

何かを徹底してやり続けるために

この章では、凡事徹底、地味なことでもやり続けることが力になるとお話ししてきました。

灘高で私の学年は東大理Ⅲに16人全員が受かったというお話をしましたが、おそらく学力的には30人受ければ30人、40人受ければ40人受かったはずです。

そうでなかったのは、当初は東大理Ⅲが第1志望だったけれど、「ほかの大学の医学部でもいいかな」とあきらめてしまった人が多かったからだと思います。第1志望校を最後までリスクをとって貫き通すというのは、受験生にとってはそんなに簡単なことではありません。だからこそ、徹底してやった者こそ目標を達成するのではないでしょうか。

もう一つ、何かを徹底してやろうとしてもくじけそうになるのは、「このまま続けても失敗に終わるかもしれない」という不安が先に立つ、ということも多いように思います。

ただ、失敗なしに成功している人なんていません。「ユニクロ」の柳井正さんでさえ、『一勝九敗』という本を出しているくらいです。成功確率なんて1割程度、そんなものだと知っていれば、堂々と失敗できるのではないでしょうか。

メディアはえてして成功した人を中心に取り上げるので、皆1回で成功しているように見えてしまうかもしれませんが、そうではないのです。

「1万時間の法則」をご存じの方も多いかと思います。ある分野で一流として成功するには、1万時間もの練習と努力、そして学習が必要だという法則です。

私はこれを、1万時間かければ、誰でも専門家になれる、と受け止めたいと思います。少なくとも、誰でもニッチな分野のトップには必ずなれるはず――。あらかじめこの法則を知っていると、徹底する勇気を持てるのではないでしょうか。

私だって最初、ＡＩの分野では専門家でも何でもありませんでした。でも、アノテーション作業からはじまり、さまざまな医療規制にかかわる議論なども含めて内視鏡ＡＩ開発に費やした時間は1万時間、いやもっとだと思います。

第4章　徹底力で伝えたいこと

- やるべきステップを、焦らず着実にこなしていくことで次の展開につながる。
- できるできないではなく、やり切る覚悟があるかないかを自分に問いかけよう。
- 1万時間かければ、誰でもその道の専門家になれる。

第5章

連帯力

一人ですべてのことはできない

私の人生の折々に、理解者や協力者、応援してくれる仲間がいました。どんな人でも一人ですべてのことはできません。

自分の損得ばかりで、相手側のメリットを考えないような人には、人は手を差し伸べません。他人に物事を任せることができない人も、大きな仕事はできません。

本章では、大きなことを成し遂げるために必須になってくる、簡単なようでいて難しい、「連帯する力」についてお話ししたいと思います。

世界１４２施設と共同研究ができた

前章で、内視鏡の動画データを提供してもらっている協力医療機関は１４０施設を超えたと紹介しましたが、２０２４年3月現在ではすでに１４２の医療機関と共同研究という形で連携しています。

２０１７年に研究を始めた頃は、がん研有明病院、東葛辻仲病院、ららぽーと横浜クリニック、私が始めた「ただともひろ胃腸科肛門科」の４つの医療機関のデータだけを使っていました。なぜこれほどまでに協力医療機関が増えていったのでしょうか。

医療機関にとって、医療データが極めて重要なものであることはご想像いただけるでしょう。しかも、個人情報のかたまりでもあります。おいそれと、データを外に提供することはありません。

もし、彼らがデータを提供してくれるとすれば、データをきちんと適切に活用してくれると確信できる相手であるときにかぎられます。

では、私が医師だからデータをもらえたのかというと、必ずしもそれだけではないと思います。

カギとなったのは、研究成果が出るたびに、そのつど論文でしっかりと発表してきたことだと思います。論文は、第三者がきちんとレビューし、その査読（学術論文に投稿された論文をその学問分野の専門家が読んで、内容の査定を行うこと）内容にきちんと返答して修正してからでしか出せません。「こんな実験結果が出ました」と報告するだけなら、それは単なるレポートにすぎません。私たちは、２０１９年から２０２０年にかけては実に19本もの論文を発表しています。

１４２の医療機関の中には海外の医療機関も含まれていますが、これも私たちの論文をちゃんと読んで、内容に共感してくれたからだと思います。

発表した論文は50本以上

２０２２年に米国で行われた世界最大の内視鏡医・消化器医の学会、ＤＤＷから招待講演の依頼があったのも、やはり論文の多さが決め手になったと思っています。ＤＤＷには２０１８年に出した論文が高く評価され、２０１９年には学会でも発表し、最もインパクトのある演題の一つに選ばれました。日本人で選ばれたケースはそれまで私は聞いたことがありません。それ以降も論文をどんどん出していったことが、招待講演につながったのではないかと受け止めています。

積極的に論文を発表し、学会で講演してきた

私は医師ですから、論文を書くのはあたりまえのことだと思っていますが、ビジネスパーソンの皆さんからは「論文が本当に利益につながるのですか？」と聞かれることがあります。私にしてみれば逆で、日本の医療スタートアップはなぜもっと論文を出さないのか不思議です。

きちんと研究し、実験し、結果が出たなら英文論文を書いて全世界に発信したほうがいいのです。第三者の査読を受けた論文を出さないということは、どこか心配なことがあるのではないか、と疑われても仕方がないともいえます。

ＡＩメディカルサービスでは今も研究が数十、走っています。前にもお話ししたとおり、大学院時代の私は４年間で２本しか書いていませんので、これもまた隔世の感があります。

並行して、国際的に評価の高い科学雑誌や学会誌への掲載も目指してきました。有名科学誌だけでなく、欧州消化器内視鏡学会が出している『Endoscopy』、米国消化器内視鏡学会が出している学会誌『Gastrointestinal Endoscopy』、日本消化器内視鏡学会が出している『Digestive Endoscopy』などです。学会誌は毎月発行され、数多くの学会員が目を通しています。

私たちの研究グループは、２０２４年3月時点で50本を超える論文を発表しています。今では内視鏡ＡＩの領域では、世界の研究の3分の1くらいを私たちがやっているのではないか、と思えるところまで来ています。研究開発においては、間違いなくトップランナーと断言していいと思っています。日本ではなく、世界で、です。

おかげで、米国に行っても、シンガポールに行っても、「多田さん、あなたに会うのは初めてだけど、あなたの論文はずっと読んでいたよ」と言われます。

一人でやろうとしなかったからこそ

論文に関しては、２０１8年の途中からは、私は監修に回っています。テレビのプロデユーサーと同じで、おおまかな方針を決めて、あとは現場の優秀なスタッフに番組をつくってもらうスタイルのようなものかと思います。論文の大きな方向性を固めたあとは、複数の優れた先生方に委ねるようにしました。

たくさんの論文を出すことができているのは、このスタイルにしていることも大きいと思います。すべて自分一人でやろうとしたら、こんなに論文を書くことはまずできないでしょう。

思い起こせば、クリニックも一人だけでやろうとはしませんでした。開業時は、常勤医は私だけで、あとは非常勤医師という顔ぶれでスタートしました。週3回ほど来てもらっていたのが、先にご紹介している東京大学で一緒に働いていた武神先生で、のちに内視鏡AIを一緒につくっていくことになる盟友の平澤先生も週1回は来てもらっていました。

その後、内視鏡検査数が年間8000件規模になると、現実問題として回せなくなり、常勤医こそ置きませんでしたが、東大やがん研有明病院などから来た先生、大学院生や後輩など多くの人に手伝ってもらっていました。院長を譲る前、私が実際に検査していたのは年間1000件強だと思います。こうしたチームワークで、高いクオリティを保つことができたと思います。

ただ、日本にあるクリニックの9割以上は一人開業医です。自分の理想の医療を突きつめたいと思うと、自分自身で全部やるのが確実だからです。それは一つの考え方であり、否定はしません。

実際、人に任せるよりも自分がやったほうが早いのは当然です。開業前に、あるクリニックの先生からこんな話を聞いたことがあります。

ある大学院生に内視鏡を任せたところ、患者さんから「痛かった」と何度かお叱りをいただいたそうです。バイト代を払ったうえにクレームが来る。いいことありませんよね。それでもその先生は彼に任せ続けました。痛がる患者さんには鎮静剤を打って5分以内に検査を終わらせること、それでもだめなら患者さんには迷惑がかからないようにほかの医師が介入するから、というルールもつくって「やってみろ」と言い続けたそうです。

1年間はなかなかうまくいかなかったそうですが、3年から4年経過する頃にはみるみる上達し、クリニックに欠かせない戦力となりました。

人に何かを任せるときは、点ではなくて、線で物事を見るべきだという例です。

「多田君、別に組織を大きくしたくないのだったら、自分の目の届く範囲でやればいい。けれど、大きくするのであれば、最初に仕事を任せる大変な時期は乗り越えないとだめなことだよ」。この先生はそうおっしゃっていました。

仕事を人に任せるうえで大切なこと

どんな仕事でも、最初は誰でもミスします。作業効率も悪いでしょう。自分でやったほうが早いし、ミスされて、自分がカバーして、しかも給料が払われている……割に合わないと思うこともあるでしょう。ただそれは、部下を成長させ、会社を大きくするために、誰しも越えなければいけない壁です。

少し話がそれますが、クリニックを開業して一つわかったことがありました。前にもお話しした「鏡の反対の世界」ではお金の常識が異なる、ということです。最初は、給料をもらう側から払う側に変わるとだけ思っていたのですが、それだけではなかったのです。

普通、お金は使えばなくなっていきます。ところが、開業医の世界は、お金を使えば使うほど、お金が増えていくのです。

最新の設備を2000万円かけて買えば、その設備を使って診療ができ、売り上げが伸びます。2000万円を回収するのはすぐです。もちろん使い道にもよりますが、適正にお金を使うと、それがもっと大きくなって返ってくるのです。

これは設備にかぎった話ではありません。人件費も同様です。がんばってくれる人には、もちろん気持ちでも報いますが、きちんとお金でも報いるべきです。

もともと私のクリニックは、看護師の給与が埼玉県内の平均に比べて高めになっていましたが、ときには思い切ったボーナスを出したりしていました。そうすると、士気も上がり、もっとがんばってもらえるようになります。がんばりに対して目に見える形でも報いること。これも、人に何かを任せるうえでカギになると思います。

100人規模の組織に

4人でスタートしたAIメディカルサービスは、今では100人を超える規模にまで大きくなっています。

COOを4年間務めていただいた山内さんはどうしてもという家庭の事情があり、今は退任されています。一番心に残っているのは、ある社員が、社内チャットであることないこと噂を流しているのが発覚したときです。私は情報システム室にかけ合い、この人物のチャットの中身を開示させようとしました。ところが、山内さんにこうさとされたのです。

「多田さんには、そういう手段を使わないと社員をコントロールできない代表にはなってほしくないな」

山内さんは当時50代で、年上としての人間力の高さに日々教わることが多くありましたが、このときは「そうか、そうやって組織をまとめていくんだ」と痛感したものです。今後の人員計画は特に持っていません。人が増えれば、問題が解ける事業ではないからです。

ただありがたいことに、46億円を調達したシリーズB以降から採用希望者がどっと増えました。メディアにどんどん紹介していただけるようになり、2020年9月に東京・池袋にあるインテリジェントビル「Hareza Tower」に移ってからは、さらに希望者が増えています。

実は当初は、スタートアップに来たい人、とにかくできそうな人をかき集めた時期もありました。しかし、ワークしませんでした。そのため厳選採用に転換し、同時に、AIメディカルサービスとしてのミッションも明確にしました。

「世界の患者を救う」「内視鏡AIでがんの見逃しをゼロにする」。このミッションに合う人に仲間になってもらうことを、採用方針の軸に据えたのです。今いるほぼすべてのスタッフは、このミッションの共有者といっていいと思います。

稲盛和夫さんの有名な言葉に「人生・仕事の結果＝考え方×熱意×能力」がありますが、能力があっても熱意がなければ難しい。方向性が間違っていると、うまくいかない。考え

本社のある池袋 Hareza Tower

方、熱意、能力、その3点すべてが必要になるのです。

私たちの面接でも、まず能力があるのかを見て、能力があっても、熱意がない人はだめ。さらにはやりたいことが一致しているかどうかを見ます。

そのためには、前職でどんな仕事をしていたのかについてのエピソードを聞くのが一番いいと思います。具体的にどんなプロジェクトに絡み、どういう仕事を受け持っていたのか。実はメンバーに入っていただけで、重要な意思決定には全然絡んでいなかったなんていうケースもあります。

「具体的にどういうところがつらかったですか？」「どういうところで工夫して成果を出しましたか？」という感じでエピソードを深掘りして聞いていくのが、その人となりが一番よくわかります。

AIメディカルサービスバリューを設定

さいたま市のクリニックを経営していた頃は、サポートに来てくださる医師とは昼食を毎日一緒にとっていましたし、看護師・医療事務スタッフもアルバイト含めて15名程度でした。いわばツーカーの間柄であり、〝世界最高水準の胃腸科肛門科診療を提供する〟という考え方がしっかり共有されている実感がありました。

ＡＩメディカルサービスでも、２０１7年にアパートの一室でスタートしてから社員が数十名になる頃までは、毎月のようにメンバーと飲みに行ったりして、お互いの背景や事情をある程度まで理解することができていたと思います。

しかし、社員数が50名を超えてくると、「世界の患者を救う」という大きなミッションは共有できても、日々の行動や考え方まで共有するのは困難になってきます。

クリニックなら医師も看護師も医療事務も皆〝医療関係者〟であり、それまで受けてきた教育やバックグラウンドがある程度同じです。しかし、ＡＩメディカルサービスにおいては、管理（経理・人事・法務・情報システム）、研究開発・製品開発（エンジニアがメインですが、エンジニアにもＡＩエンジニアだけでなくデータサイエンティスト・ＱＡエンジニア・インフラエンジニアなどさまざまな職種があります）、医療規制（品質保証・薬事・臨床開発）、事業推進（マーケティング・販売）、経営企画（全社戦略・プロダクト・政府対応・広報など）、海外（米国・東南アジアなどの海外事業）など、実にさまざまなバックグラウンドを持つ人たちが働いています。

一例を挙げると、私は当初、「リモートワーク」や「フレックスタイム」という言葉自体が理解できませんでした。医師はどれだけ帰宅が遅くなっても、翌朝9時には職場にいるのが当然でしたし、勤務時間をその日によって変えるという概念もそれまでの常識にまったく反するものでした。

もう一つ例を挙げましょう。エンジニアにとって「n＝n＋1」は「1＋1＝2」くらいにあたりまえの考え方です。プログラミングにおいてn＝n＋1とは、1の次が2、2の次が3、3の次が4というように、1ずつ数が増えていくことを意味します。n＝n＋2であれば、2、4、6、8と2ずつ増えていくということです。

しかしエンジニアでない人にとっては、そう言われてもまったくピンとこないでしょう。このようにお互いが受けてきた教育・バックグラウンドが違う人たちが集まり、大きな目的に向かって協働するうえでは、大きなミッションだけでは十分ではありません。日々の行動にも共通のバリュー（大きな目標をどのように目指すのかという具体的な行動指針）を設定する必要が出てきたのです。

1年かけて設定した三つの行動指針

社員数が50名を超えた2022年頃から、経験豊富な人事責任者のもとで、AIメディカルサービスとしてのバリューの策定に取りかかりました。社員を交えてディスカッションを何回も行い、当社のミッションを達成するために何が必要なのか、そしてお互いが何を大事に考えているのかの意見交換を繰り返し行いました。

半年近くの議論ののちに、大きく三つの行動指針を決めました。一つ目は顧客をはじめとする相手との向き合い方について。もう一つは組織力について。これは、単に能力が高いだけのメンバーが集まったグループでは個々の能力の総和にしかならないところを、チームとしてお互いの能力の相乗効果を生み出して、一人では達成できない目標を達成しようという内容です。最後の三つ目は、個人の仕事への向き合い方についてです。

1.「聴く力を、解く力へ。」私たちは、どんな現場でも、相手の思いに耳を傾け、課題の本質を見極めることで、真の解決となる答えを導き出していきます。

2.「個人の力を、組織の力へ。」私たちは、ともに働くメンバーとの間で、お互いの個性や立場を尊重した議論と行動によって、チームとしての総合力を高めていきます。

3.「今の自分を、次の自分へ。」私たちは、自らの能力やスキルを常に磨き続けることで、普段「あたりまえ」として設定している「仕事の水準」をワンランク上へと引き上げていきます。

これだけ見ると、なんだ、当然のことばかりじゃないかと思われるかもしれません。しかし、「聴く力を、解く力へ。」は、いざ実践しようとするとかなり難しいのではないでし

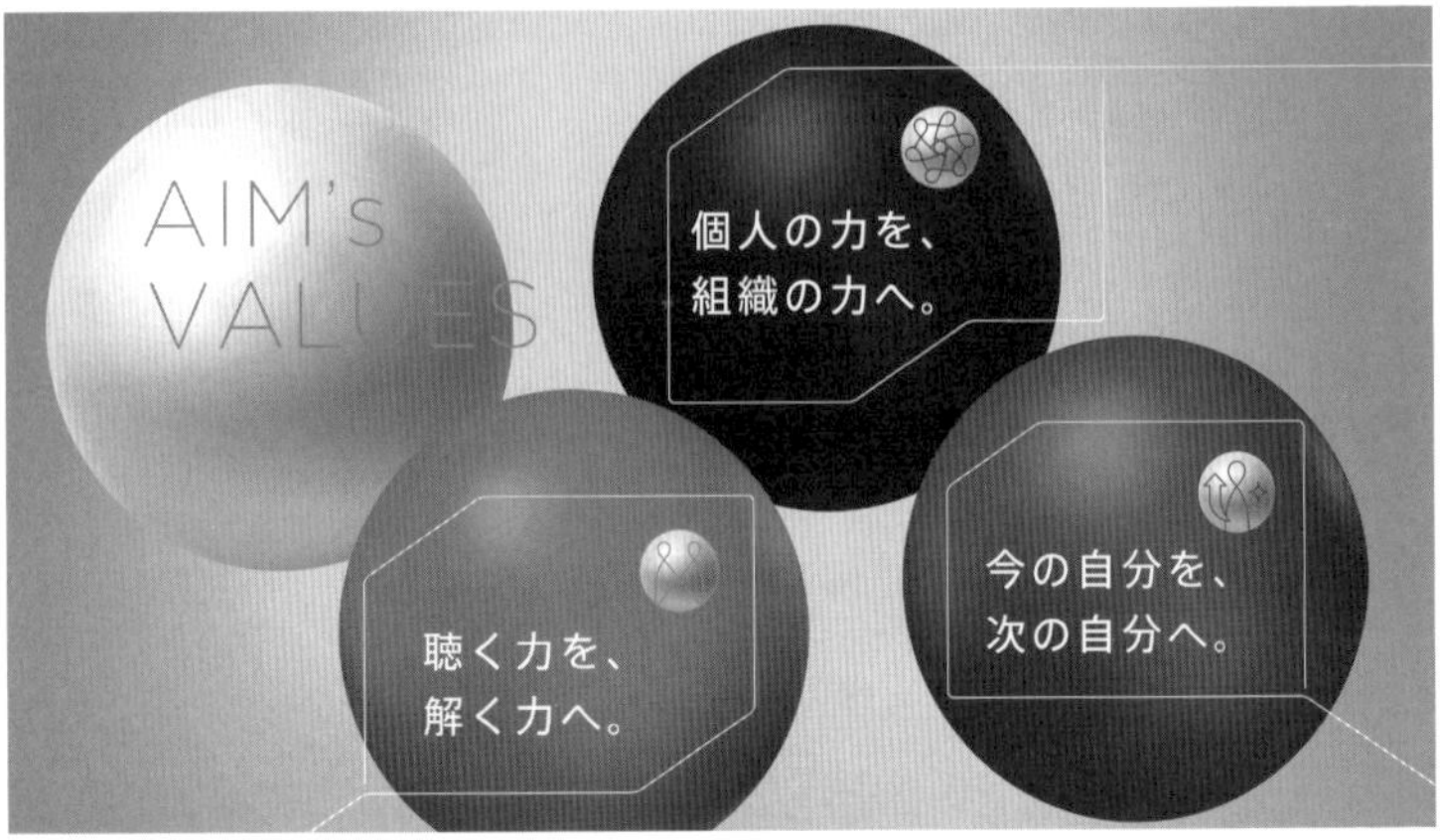

AI メディカルサービスの 3 つの行動指針

ょうか？　お互いの持っている背景知識が圧倒的に違う中で、かぎられた時間で相手の思いと課題を見極めるために十分な情報を集め、真の解決となる答えを見つけるということです。

「個人の力を、組織の力へ。」も、お互いが異なる能力を持っていることを認め合い、お互いの常識をすり合わせる必要があります。

私たちは以前、医療機関の診療時間外に内視鏡ＡＩのプロトタイプと、病変を印刷した写真等を用いて技術を体験していただく「内視鏡ＡＩ体験」をしてもらおうと、医療機関でチラシを配布していました。その際に、医師たちから「ＡＩ体験とはいったい何をするのですか」という質問を多くいただきました。私たちのチラシでは、肝心なことが十分に伝えられていなかったのです。

すぐ思いつく対策としては、ＡＩ体験の詳細を説明するウェブ面談のステップを入れることですが、これだと忙しい医療機関に追加の手間を取らせることになってしまいます。そこで担当者が思いついたのは、チラシではなく数分の説明動画を作成することでした。動画を撮影する際も、極力、医療機関の邪魔にならないように、事前の現地確認なしの一発本番で撮影する形にし、完成させました。

動画を撮影するというアイデアに加えて、実行にあたっては医療現場の特殊事情を考慮して行う必要があることが伝わる事例だと思います。

これから国内のみならず、全世界に事業を展開していく当社においては「今の自分を、次の自分へ。」、つまり私を含めた各自が常にパワーアップすることももちろん必要ですし、逆にいうと、これら三つの行動指針であるバリューを日々行えば、「世界の患者を救う」というミッションは間違いなく達成できると確信しています。

食道がんの検出ＡＩも世界に先駆け開発

内視鏡ＡＩに話を戻しましょう。

これまで、ピロリ菌の鑑別ＡＩ、胃がん検出ＡＩなど、さまざまな世界初の研究成果を多数出してきました。

すでに、私たちが対象にしているのは胃だけではありません。２０１９年には、食道がんの検出ＡＩの開発にも世界で初めて成功しています。

胃と食道は別の臓器ですから、できるがんの種類も違いますし、見え方も異なります。胃がんは腺がん（腺組織から発生するがん）が中心ですが、食道がんは日本では扁平上皮がん（体の表面や食道などの扁平上皮から発生するがん）が多くを占めます。組織系が違うのです。食道はのどから胃までの25㎝ある、細くて長い臓器です。胃がん同様、早期発見が難しいといわれます。

スタートアップだと、まずは一つの製品に集中し、成功したら次に行くということも多いですが、私たちは最初からいろいろな研究を同時に走らせています。

イメージとしては、日本の大手家電メーカーに近いかもしれません。研究所で数十の研究を行って、使えそうなものを製品にしていくのです。私たちは内視鏡ＡＩという比較的ニッチな部分に特化しているうえ、サポートしてくださっている株主の皆さんのおかげで資金面でも恵まれており、スタートアップでありながら、この分野に関しては他のグローバル企業と少なくとも同じか、それ以上のリソースをこの分野に投じて、グローバルニッチトップを目指すことができています。

製品の新規性にもよりますが、内視鏡ＡＩはプログラム医療機器（デジタル技術を活用して診断・予防・治療を支援するソフトウェアとその記録媒体を含むもの）であり、薬事承認申請手続きが必要なため、一つの製品を企画してから製品化を完了させて発売するまで5〜6年かかるケースもあります。第1弾のみならず、第2弾以降をつぎつぎにローンチしてバージョンアップを図ることができるような体制を整えていると言ってもいいと思います。

内視鏡ＡＩが「あたりまえ」になる日

自動車にカーナビがついているのがあたりまえになったように、内視鏡検査は画像診断支援ＡＩと医師が協働して行うことがあたりまえの時代がもうすぐ来ると思います。あと10年もすれば、「え、医師が一人で検査と診断をしていたの？　それは見逃しが多かったのは当然ですね。そんなときがあったんだ」と言われる時代が来るでしょう。

１００年前には手術は素手で行われていました。手袋をはめずに、お腹の中に手を入れていたのです。今聞くと驚愕するような話です。私が医師になった30年前でさえ、手術はお腹の中に手を入れて行うしか方法はありませんでした。今ではロボット手術があたりまえになってきていますから、隔世の感があります。

同じように、ＡＩの支援なしに医師が単独で診断治療を行っている、今のあたりまえに未来の人は驚愕することになるでしょう。

医療分野にかぎりませんが、「ＡＩが病変をすべて見つけられるのであれば、人に取って代わるのではないか」という議論があります。しかし、現在においてそういうことはありません。

実験で、内視鏡画像診断支援ＡＩは内視鏡医が見逃した症例をすべて見つけることができたとお話ししましたが、一方で特異度――がんでない人をがんでないと正しく判定する精度については、やはり人間に軍配が上がります。

たとえば画像に光の反射が映り込んでいたり、シワが寄ったりしているような部分を早期がんと誤認識してしまう可能性が、ＡＩは人間より高いのです。自動運転のクルマが、光の反射を「人の動きかもしれない」と誤認識してしまうのと同じです。その点、人間は光の反射は光の反射だとしっかり見分けられます。

ですから、ＡＩと医師は、手を組めばいいのです。そうすることで、特異度を落とすことなく今まで以上に病変を見つけられるようになり、検査の精度を上げることができるのです。

ＡＩが人に取って代わるという発想は、どうもメディアの報道にも問題があると私は思っています。そもそも今のＡＩはシンギュラリティ（技術的特異点）は超えていません。本当の意味で人間と同レベルのことは、そうそう簡単にはできないのです。

現在社会実装されつつあるＡＩは、特定機能に特化したＡＩであり、汎用人工知能（AGI: Artificial General Intelligence）ではありません。ですから、ＡＩが取って代わると恐れるのではなく、うまく活用して、協働すればいいのです。

違う人たちと連帯することの重要性

この章では、連帯力についてお話ししてきました。

ここまで読んでくださった方はおわかりのように、連帯といっても、同じような人間でつるむようなこととはまったく違います。自分とは違う考え方を持つ人、社内なら別の部署、もっと広く別の業界の人と連帯することで、新しい価値を生み出そうという意味です。

卑近な例でいえば、セミナー一つ開くのでも、自社だけでやるより、他社と共同開催するほうがよほど効果が期待できます。費用は半額で済みますし、お互いのネットワークを使って宣伝できるので、たくさんの来場者も期待できます。

いわば、コストは半額、集客は2倍です。セミナーの内容もバラエティーに富みますから、満足度も高いはずです。

そういう点では、業界団体の活動というのも意味があると思います。私も、AI医療機器を開発するスタートアップでつくる「AI医療機器協議会」を発足させ、会長としてスタートアップ同士の連携を推進しています。

AI医療機器協議会は2024年3月時点で30団体が加盟しています。AI医療機器を開発するスタートアップの会社の大半が入っていると思います。業種は放射線関係だったり、救急関係だったり、栄養、高血圧・循環器、禁煙アプリなど多方面に及んでいます。

新規分野であるAI医療機器や、プログラム医療機器については、定まっていないことがまだたくさんあります。自分たちの開発しているプログラムは医療機器に該当するのかどうか、薬事承認はどうやって取ったらいいのか、患者さんの個人情報や医療データはどのように同意を取って集めるのか。関連する法律も個人情報保護法であったり、薬機法であったり、臨床研究法であったりとさまざまです。

えてして「誰かに聞けば〝秒〟で終わるのに」ということでつまずいたり、悩んだりするものです。その点、協議会内では最新の情報やベストプラクティスを共有し合えますので、みんながウィン・ウィンになっていると思います。

多様性の科学

２０２３年9月、プログラム医療機器実用化促進パッケージ戦略2—SaMDの更なる実用化促進と国際展開の推進に向けて—（DASH for SaMD 2: DX［Digital Transformation］Action Strategies in Healthcare for SaMD［Software as a Medical Device］2）が厚生労働省と経済産業省の連名で発出されました。

これにより、プログラム医療機器を日本から世界に通用する産業に育てていくという政府の大枠の方針が示されました。

ルール自体にはまだ決めなければならない細々としたところが残っており、内閣府や厚労省、経産省、独立行政法人医薬品医療機器総合機構（ＰＭＤＡ）、一般社団法人日本医療機器産業連合会（ＪＦＭＤＡ）、公益財団法人医療機器センターといった組織の方々と話さないと決められないこともあります。そういうとき、ＡＩメディカルサービス一社で交渉してもにっちもさっちもいきません。

どうしても「皆さんの意見をまとめて持ってきてください」という話になるので、やはり業界団体は必要なものなのだと思います。協議会からも、皆の意見をまとめて政府に提言することもあるでしょう。自社の売り上げにじかにつながる仕事ではないかもしれませんが、長い目で見ると、連帯することが大きな力になっていくはずです。

最後に、自分とは違う考え方を持つ人と連帯することの大切さについて、もう一つだけつけ加えたいと思います。

マシュー・サイドさんが書いた『多様性の科学』というベストセラーがあります。私も読んで、一番響いたのは、「天才でも難しいことにチャレンジした場合にイノベーションを起こす確率は18％ぐらいしかない。一方、凡人でも多くの人が集まって、いろんな考え方を持ち寄った場合にイノベーションを起こす確率は99・9％に上がる」という部分です。「9・11の米国テロは、ＣＩＡは優秀だが多様性に乏しい画一的集団だったから、発生を防げなかった。もし一人でもアラブ人がその中にいれば、予兆はつかめただろう」という話も出てきます。

多様性がないと集合知が発揮できない、ということです。一流の人ばかり集めれば、そこそこ成功はするけど、多様性のある意見を集めたほうがもっといい。一人でトライするのはもってのほかである。連帯力の重要性を見事に言い表していると思います。

第5章　連帯力で伝えたいこと

- 人に任せるからこそ、一人ではできないような大きな仕事を達成できる。
- 多彩なバックグラウンドを持つメンバーでチームを作ると、お互いを尊重し、お互いの強みを伸ばし合うこともできる。

第6章

確信力

不安は因数分解すればたいしたことはない

私たちの会社はＡＩ製品として第1弾となる胃がん内視鏡画像診断支援ＡＩの薬事承認を取得したばかりですが、途中何度も大幅なスケジュールの変更を余儀なくされました。

これまで技術面でも資金面でも順調に来ただけに、「これがスタートアップの死の谷か」と思った関係者がたくさんいらっしゃったことでしょう。しかし、私は「必ず大丈夫だ」と確信していました。

これから先、数多くの失敗が間違いなくあるでしょう。しかし、不安はありません。本書の最後は、自分自身を信じる確信力についてお話ししたいと思います。

立場の違いを理解する必要性

２０１７年にＡＩメディカルサービスを設立してから7年。この間、教師データの収集、アノテーションなどの段階を踏み、製品開発、性能評価試験、薬事申請を経て、２０２３年12月には第1弾ＡＩ製品として胃がん検出ＡＩの薬事承認を取得し、いよいよ製品を社会実装するところまできました。この製品は国内2大メーカーであるオリンパスと富士フイルム両社の内視鏡機器に対応しています。

薬事申請とは、厚生労働省に対して、製品の製造・販売に必要な承認を求めることをいいます。実際は、厚労省がＰＭＤＡに業務を委託していますので、ＰＭＤＡに申請します。

薬事承認をとるのはとても大変だ、というイメージをお持ちの方も多いと思います。実は私たちも、会社設立時点では、第1弾ＡＩ製品は２０２１年頃には出せるのではないかと想定していました。ただ、「新規の医療機器だと承認に5年はかかる」という話を知ることになり、驚いた覚えがあります。

私も、周りの人たちも、薬事申請の経験はありません。申請マニュアルのような本はたくさんありますが、第3章でお話ししたように、自分で薬事承認をとった経験がない人が書いたものには関心がないのが私です。

このときはまず、創業して資金調達を成し遂げていたプログラム医療機器を開発している医療スタートアップの先輩たちに、話を聞きに行きました。

ただ、彼らもその時点では私たちのようなＡＩ医療機器で承認を取っていたわけではありません。そんな会社はそもそも日本には２０１７年当時ありませんでした。

２０１８年に世界初のＡＩ医療機器の承認を取ったのは、米ＩＤｘ社の眼底検査画像から糖尿病性網膜症を診断するＡＩ「ＩＤｘ－ＤＲ」です。調べてみると、この会社と独占契約をしている日本の会社がありました。眼底検査機器を開発しているトプコン社です。早速、板橋区の本社に話を聞きに行きました。

申請する側と審査する側の考え方は異なる

余談になりますが、「多田さんはどんどん話を聞きに行こうと言うけれど、誰に会えばいいかどうやって探るのですか」と尋ねられたことがあります。

トプコンの例でいうと、まず、トプコンに誰か知り合いがいないか探してみました。案外、知り合いの知り合いくらいでつながったりするものです。しかしその方法ではつてがなかったので、会社のウェブサイトから問い合わせをしようかと思っていたところ、当時のＣＯＯ（最高執行責任者）だった山内さんの知り合いがトプコン社内にいることがわかったのでした。

今ならフェイスブックやＸ（旧ツイッター）でダイレクトメッセージを送ることもできます。実際にそうやって仕事を一緒にするようになった方もいます。

普段から研究会や勉強会に可能なかぎり参加しておくと、知り合いが増やせるとも思います。勉強会のテーマそのものにはそれほど関心がなくても、参加者と交流することで、なにかのヒントが得られるかもしれません。他業種であたりまえに行われていることを自分の業種に持ち込むだけでイノベーションになったりすることもあります。

話を戻しましょう。このときは、トプコンだけでなく、ＰＭＤＡでの勤務経験がある方にも、会えるだけお会いして話を聞きました。

そうやっていろいろ情報収集するうちに、「これは、薬事承認というものはそもそも何かをちゃんと知っておく必要がありそうだ」と気づきました。どうも灘校時代からのくせで、バックグラウンドまで知らないと、物事をちゃんと理解することは難しいと思っているところがあります。

そこで、ＰＭＤＡだけでなく、米国で日本のＰＭＤＡと同じように医療機器の承認審査を行っている米ＦＤＡ（食品医薬品局）の歴史までさかのぼって調べました。

わかったのは、当局のスタンスに、私たち医療機器開発側のスタンスとは違うところがあるということでした。

私たちにかぎらず、医療機器を申請する側は「この医療機器にはどういう有用性（臨床的意義）があるか」でロジックを組み立てます。胃がん検出ＡＩであれば、「胃がんを根治可能な段階で早期発見すれば命が助かる」→「それをＡＩでサポートして見極める確率を高めればたくさんの命が救える」というストーリーを軸に書類をつくろうとするわけです。

ＰＭＤＡはＦＤＡと同じく医療機器の審査を行うと言いましたが、ＦＤＡは食品医薬品局（Food and Drug Administration）の名のとおり、薬や医療機器だけではなく食品も管轄しています。ここに重要なポイントがあります。

ＰＭＤＡのロジックとは

ＦＤＡが設立された１９０６年当時は、市販されている食べ物にも危険が潜んでいました。日本でも、今はもうめったにありませんが、売っている食べ物に大腸菌が付着していて、それが原因で食べ物を食べた子どもが命を落としてしまったりすることもありました。

つまりＦＤＡは簡単に言えば、「人に害を与えるような食べ物を売らないようにしましょう」「ちゃんと鮮度が保たれた食べ物を売りましょう」「ちゃんと滅菌しましょう、滅菌されているという表示をしっかりしましょう」といった、消費者が安心して食品や医薬品を入手できる環境を整えるのが仕事なのです。そのために必要な認可や、違反品の取り締まりといった行政を専門的に行うために設立された組織がＦＤＡです。この延長上に薬や医療機器が加わった、という理解になると思います。

では日本のＰＭＤＡはどうでしょうか。ＰＭＤＡは、医薬品の副作用や、生物由来製品を介した感染等による健康被害に対して迅速な救済を図り（健康被害救済）、医薬品や医療機器などの品質、有効性および安全性について、治験前から承認までを一貫した体制で指導・審査し（承認審査）、市販後における安全性に関する情報の収集、分析、提供を行う（安全対策）ことを通じて、国民保健の向上に貢献することを目的として２００４年に設立されました。

ＰＭＤＡも、私たちのような医療機器開発側も、日本国民の健康の向上に貢献したいという目的は同じです。ただ、ＰＭＤＡは「その薬で人に危害を与えるようなことはないか」「その医療機器で人の命が危険にさらされることはないか」という点も重視して審査をする組織なのです。

プログラム医療機器やＡＩ医療機器は、最終的には専門性を持った医師の監督下で使用され、最終診断は医師が行うため、何らかの副作用が起こるリスクは極めて低いものです。しかし、そこをもう一歩掘り下げて、「本当に副作用が起きないのか」「安全性は大丈夫なのか」を納得してもらえるデータやロジックを、医療機器開発会社はＰＭＤＡに説明する必要があるということです。

医療機器承認審査プロセスの緻密さ

当初、私はここまで考えていなかったこともあり、ＰＭＤＡへの説明資料作成には苦戦しました。ただ、相手の背景事情まで理解を深めるうちに、薬事承認申請に向けての突破口が見えてきました。

実際に薬事申請するにあたっては、ＡＩ医療機器においては、第1ステップとしてまず医療機器開発前相談を行い、その後、医療機器プロトコル相談を経て性能評価試験を行い、それをもって承認申請を行うという流れが一般的となっています。

もちろん、この手順を踏まないで申請することもできないわけではありませんが、その場合にはＰＭＤＡ側も事前の情報がゼロですから、「こんなよくわからないものを持ってこられても審査はできません」という話になるでしょう。

ですから、どのような試験が必要と考えるか、機構側が承認に際し必要と考えるデータパッケージに関して相談します。つまり「こんなプロダクトをつくろうと思っているんですけど、承認審査においてどのような点に注意して今後の開発を進めたらいいか」をすり合わせる開発前相談をまず行います。

その次は薬事承認に必要な安全性・品質・性能を満たしているかを十分に評価できるかどうかがテーマになります。「こういう性能評価試験を行いたいんです」というプロトコル相談をＰＭＤＡと行ったうえで、性能評価試験を行い申請する形になっているわけです。

私たちＡＩメディカルサービスももちろん、開発前相談からスタートしました。ただそこからが茨の道でした。第2ステップである「どんな性能評価試験をするのか」についての合意が得られるまで、実に1年弱を要したのです。

２０１８年当時は胃がん向けの内視鏡画像診断支援ＡＩは、日本はおろか世界のどこにも過去の類例がありませんでしたから、「胃がんはステージⅠで発見すれば98％完治します」「早期発見はイコール患者さんの命を救うことにほぼ直結しています」と臨床的意義について熱く説明しました。これについてはわかってもらったように思えました。

ＡＩが進化するスピードが速すぎて……

問題はそこからです。普通の薬であれば、ここから数年かけて実際の医療現場で臨床使用（治験）を行い、効能効果を確かめていきます。ただ、ＡＩに関しては、毎年、いや数カ月で性能がどんどん進化していきます。数年かけて結果が出た頃にはプロダクトそのものが時代遅れになって、申請した意味がなくなってしまいます。

ＰＭＤＡ側は当初、私たちの製品について「治験をしないかぎりは、承認できない」というスタンスでした。それでは対象を絞って、短期間で治験を終わらせてはどうか。最終的には、ＡＩと医師の性能を比較し、ＡＩが専門医と同等、非専門医には優位性・優越性を示すことができればよいでしょう、という話になりました。

そのために、プロダクトも少し作り変えました。具体的には、医師が診断したあとに、ＡＩの情報を参考にして医師がもう一度診断する形にしたり、動画を随時判定表示する形ではなく医師が写真を撮影した時点で結果を表示する形の胃がん診断支援ＡＩにしたりしました。「これならば治験を経ずにいけるでしょう」ということで、２０２１年６月に性能評価試験を行い、２カ月後の８月、厚生労働大臣宛て医療機器製造販売承認申請を完了しました。

通常であれば、プロトコル相談・対面助言を経て、性能評価試験を行った場合、申請から10カ月程度で薬事承認が下りると言われていました。今から思い返すと、最初の申請時点から照会事項の発出は3カ月と、通常よりかなり時間を要していました。

ただし、この時点ではプログラム医療機器審査室は2021年4月に新設されたばかりでしたし、懸命に進めているにせよ、審査に必要な人員不足のため事務作業が少しばかり遅れているだけだろうという認識でした。

最終段階で「承認困難」との通達

私たちの評価試験の結果は、ざっくり言うと、内視鏡専門医よりAIのほうが感度（がんである人をがんだと正しく判定する精度）では上回っていて、全体の正診率（がんであるかがんでないかを正しく判定する精度）はほぼ同等という数字です。非専門医に対しては明らかにAIが上回っていました。

早期胃がんを診断支援するAIとしては、がんを検出する感度が専門医を上回っていて、誤検出を含めた正診率が同等であれば、臨床的有用性には問題ない（あくまで医師側の目線ですが）と私は認識していました。

そうした中、ＰＭＤＡから「このままでは承認を進められない」と通達があったのは、初回承認申請を完了した1年後の２０２２年8月のことです。

ＰＭＤＡが懸念したのは、特異度（がんでない人をがんでないと正しく判定する精度）でした。今回の試験ではＡＩの感度は医師を上回ったものの、特異度は医師と比較して劣性という結果でした。また、今振り返って思うと、あくまで推測ですが、臨床的意義を重視して診断が難しい早期胃がんに特化していたため、書類上の見た目の特異度の数値が60％弱でした。正診率は専門医とほぼ同等でしたが、承認審査を行う側からすると広く国民に納得してもらうのは難しい数字であるという観点もあったのかもしれません。いずれにしても、ＮＯはＮＯです。緊急に全社会議を開いて従業員に状況を説明し、協力いただいている先生たちなどステークホルダーの皆さんにも急いで説明して回りました。

このとき私たちの前には三つの道がありました。

一つ目。追加データを準備してこのまま進める。

二つ目。薬事申請をいったん取り下げて、ＰＭＤＡの要求を満たすような新たな試験をゼロからやり直す。

三つ目。胃がん鑑別ＡＩはあくまで第1弾のＡＩ製品で、すでに第2弾の製品も控えていましたから、第1弾は飛ばして、第2弾製品で新たな試験を行う。

どの道をとるべきかは、簡単には決められませんでした。「いったいどうすべきか」と、社内でも意見が割れていました。

そんな中、さらに追い打ちを掛ける〝事件〟が起こります。

２０２２年9月末、当社と併行して審査をしていたと思われる他社の胃領域の製品に、先に承認が下りてしまったのです。

一番苦しかった時期

再び社内外への説明が求められました。この時期が一番苦しかったと思います。ただ、うれしかったのは、当社を設立当初からサポートしてくださったほとんどの医療機関の方々から「新規医療機器の薬事申請なんて普通6年かかるよ。まったく焦る必要はない」と励ましてくれる声が多かったことです。心に染み入りました。

たしかに、２０１７年にオリンパスから発売された内視鏡機器「Endocyto」（超拡大内視鏡）は初期の開発から20年かかっています。オリンパスが２０２０年に発売した「EVIS X1」という新機種の内視鏡も、その前のバージョン「EVIS LUCERA ELITE」の発売から8年後のことでした。

医療機器開発は誤作動や不具合は患者さんの命にかかわる可能性があるため、開発段階から「医療機器及び体外診断用医薬品の製造管理及び品質管理の基準に関する省令（QMS省令）」に則して、開発過程の品質管理を文書で記録していく必要があります。これを見ると、一つの医療機器の開発に必要な期間は6～8年くらいが一般的となっています。

株主の皆さんも、「多田を応援してがんばり続けてもらったほうがいい」というスタンスで、実際に来社して勇気づけてくださったりもしてくれました。ありがたかったです。私も、「承認が取得できなかったことは申し訳なかったが、できることは全部徹底してやる」と株主さんたちに伝え続けました。

3つの選択肢の中で第2の道は、試験問題自体をすべて変える、つまりデータを一から集め直すことになります。これだと、さらに1年は優にかかってしまいそうです。

第3の道、つまり第2弾の製品に注力するという選択肢も、株主の皆さんとは相談しました。ここで粘るよりは次に振ったほうがいいというのが、経営としてはベターな選択だったのかもしれません。

ただ、私は「もう半年粘らせてください」と言いました。第2弾も性能評価試験が見えていたので、第1弾と両方やらせてほしいとお願いしたのです。

再申請にこぎつける

そう、選んだのは一つ目の道でした。やはり第１弾ＡＩ製品として開発した胃がん鑑別ＡＩには絶対の自信と確信を持っていたのです。第１弾ＡＩ製品でＰＭＤＡと議論をしっかり尽くしておいたほうが、第２弾の薬事承認申請手続きにも生かすことができるはずという思いもありました。

そこから、ＰＭＤＡとの話し合いを本格的に再開しました。追加試験を実施する場合、どのようなデータセットにするか。ＰＭＤＡが懸念を示していた特異度に関する追加試験も行うことにしました。

もともと私たちは、胃がん鑑別ＡＩが非常に優秀であることを知っていたため、一般臨床とやや かけ離れた、難易度の高い画像を用いた試験を組んでいました。胃がんではない症例も、胃がんのようにみえるものばかりを入れてテストしたのです。そのため、特異度が絶対値としてやや低くなる結果となりました。

実際の臨床現場では、胃がんではない症例は、もっとわかりやすい胃炎だったり、ポリープだったり、びらんだったりします。ですから追加試験では、こうした実態に即した形に設定し直しました。ＰＭＤＡにも追加試験のコンセプトを何回も説明して、合意に至るまで3カ月ぐらいかかりました。

そうしてようやく追加試験の準備が始まりました。新たに3～4カ月かけてデータセットを作り、その後、専門医の先生がチェックしたり、仕分けして解析したり……。追加試験にこぎ着けたのは2023年5月です。

追加試験の結果は想定したとおり、最初の60％弱を大きく上回るものでした。特異度は85％超。この結果を持って、私たちは6月末に再申請を行いました。

確信と盲信は違う

先ほど「私には確信があった」とお話ししましたが、盲信していたわけではありません。単に突き進んでコストだけがかさむような選択はさすがにできません。PMDAに勤務した経験のある方はもちろんのこと、薬事関連に強いといわれる官庁・政府の関係者たちにも徹底的にヒアリングしました。

実は、三つの道のほかに、再試験という選択もありました。申請期間中にもAIはアップデートし続けていますから、アップデートされたAIを使用して同じデータでもう一度やればおそらく余裕でもっといい結果は出るはずです。

ただ、そういう再試験はＰＭＤＡとしては認めないということがわかりました。ＰＭＤＡとしてここは譲れる、ここは譲れないということがあるのだな、と思ったものです。

結果的に、追加試験を行う選択をしましたが、要はあらゆる可能性を考え、あらゆるパターンを徹底的に検討し直したうえで、確信を持って第3の道を選んだということです。

とはいえ、この間、ＡＩメディカルサービスの社員たちは不安だったと思います。開発側のスタッフだけでなく、販売側は準備していた販売時期が1年以上ずれてしまうわけですから、心配する声も上がったと聞いています。

特に当時入社して間もない社員の中には、「日本初、世界初の胃がんＡＩ製品」を世の中に出せるということにわくわくしていた人も少なくなかったはずです。承認が遅れるのもさることながら、他社に先を越されてしまったというショックは、かなりあったかもしれません。

ただ、私自身は「初もの」には特にこだわりがありません。歴史を見ても、初ものが世界を制覇するわけではありません。だいたい、第2弾、第3弾とか、初代の弱点を克服したものが、全世界を制しています。もちろんＡＩメディカルサービスも「初」を取るつもりではやっていましたが、内視鏡ＡＩを全世界に広げられるなら、承認取得はその過程の一つの通過点でしかないので、初でも2番目でも関係ありません。

百聞は一見にしかずだった

とはいえ、正直、やはり時間がかかりすぎたな、という忸怩《じくじ》たる思いはあります。

ＰＭＤＡの立ち位置、信条、観点は私なりに理解したつもりでいましたが、臨床開発分野の経験知識含め十分ではないところがありました。

単純にデータだけそろえてもだめ、自分たちの立場で正しいことだけ主張するのでもだめで、相手が答えを出しやすいような説明だったり、データをそろえる必要があったりするのは、今回学んだことです。

コロナ禍の影響で対面での面談ができなくなり、途中からリモート面談になった影響も大きかったと思います。画面越しではお互いの真意が伝わりづらい難しさがあります。

私たちが追加試験に向けててんやわんやだった２０２２年５月、京都で日本消化器内視鏡学会総会が開かれました。ＡＩメディカルサービスも内視鏡ＡＩの展示ブースを出していたのですが、ＰＭＤＡでプログラム医療機器の審査官をしていた方がいらして、興味を示されました。

「せっかくですから、どうぞ触ってください」。実際に操作をしてもらうと、「なるほど、こういうプロダクトだったんですか」と感心されたようでした。

その様子を見て、「実際に触っていただかないと、このプロダクトの画期性は伝わりにくいのだな」、そう痛感しました。ＰＭＤＡとのウェブ会議でも、動画を見せるなどの工夫はしていたのですが、十分ではなかったように思います。

医療分野におけるＡＩの活用は２０３０年には全世界で29兆円の市場規模になると想定されています。[注8] ＰＭＤＡへの相談件数もおそらく増えているでしょうから、人手が足りないという事情もあるのかもしれません。

２０２３年９月には、経済産業省と厚生労働省が「プログラム医療機器実用化促進パッケージ戦略２」を発出し、国としても力を入れる姿勢を明確にしています。今後は、予算を倍増、いやそれ以上につけて、審査やチェックする人員も増やしてほしいところです。そうでなければ、審査で詰まってしまい、結局、日本から世界に羽ばたくプログラム医療機器の芽を摘んでしまうことになりかねません。

いよいよ販売がスタートする

２０２３年12月、ＰＭＤＡから当社の第１弾ＡＩ製品となる胃がん検出ＡＩの薬事承認が下りました。

さあ、いよいよ実際の販売が始まります。当面の間は、ＡＩ医療機器を正しく適切に使用してもらいたいという観点のもと、ＡＩメディカルサービスのメンバーが医療機関と直接コミュニケーションをとっていく方針です。

私たちの製品は、年間数百万台も売るようなものではありません。販売先は医療機関、しかも内視鏡検査を行っている病院・クリニックですから、日本国内で約2万2000施設にかぎられます。最初に納入できるのは、このうち数百施設だと考えています。

これくらいでしたら直販メインで十分可能です。直販であれば、使用医師からのフィードバックもじかに聞けます。ＡＩは、終わりなきバージョンアップを繰り返すものです。利用してくださる方とダイレクトに接して改良、改善につながる生の声をもらうことが極めて大事です。

私たちがいただく利用料には、バージョンアップ料も含めています。言ってみれば、サブスクリプション（定額制）モデルです。つねに最新のバージョンを提供することをお約束する代わりに、定期的にお金をいただくモデルです。ＡＩは今も進化を続けていますので、私どもが提供する内視鏡ＡＩも1～2年に1回はバージョンアップを繰り返し、改良が進んでいきます。

従来の医療機器は、だいたい8年に1度くらいのペースで新製品が出ていました。この程度のサイクルであれば、売り切り型の販売モデルが適しているでしょう。しかし、もし私たちが同じように「機材は売り切りとし、バージョンアップ料金は1～2年ごとに別途いただきます」という形にしてしまうと、費用が工面できないという理由で古いバージョンのＡＩを使い続けてしまう医療機関が出てくる可能性もあります。

サブスクモデルなら、医療機関の初期導入費用も抑えられます。結果的に、つねに最新バージョンの内視鏡ＡＩシステムを、より多くの患者さんに使ってもらえるはずです。

サブスクモデルだと、私たちの収入も安定し、次世代内視鏡ＡＩの研究開発にも必要十分な開発費用を充当できます。仮に一時的に製品が大量に売れたとしても、少ししたらまったく売れなくなった、というビジネスは安定性を欠きます。

これから、内視鏡検査の需要というのは、増えることはあっても減ることはないでしょう。内視鏡検査は、がん死亡者数のトップである消化器系のがんを早期発見、診断、治療できる、今ある唯一の検査方法です。

今後5年、10年の単位で見ても、内視鏡マーケットは確実に増えていきます。私たちの内視鏡ＡＩもそれに付随して日本のみならず全世界に拡大していくと確信しています。

世界展開はすでに始まっている

国内の想定顧客は約2万2000施設とお話ししましたが、このほかにグローバルという大きなマーケットがあります。ざっと国内の5倍以上の規模にはなるでしょう。

AIメディカルサービスは2023年7月に米スタンフォード大学医学部と内視鏡AIの共同研究契約を締結し、その後、2023年8月には米ニューヨークのメモリアル・スローン・ケタリングがんセンターとも内視鏡AIの共同研究契約を締結しました。

東南アジアにおいては、2021年4月からシンガポール国立大学病院とも共同研究が始まっています。シンガポール国立大学に私の論文を読んでくださっていた教授がいたことからのご縁です。

共同研究といっても、単に一緒に研究をするだけでなく、その先には一緒にビジネスをする道筋につながっている研究です。日本で言うと、がん研有明病院が近いかもしれません。がん研有明病院は、いわゆる病院のほかに、研究所も擁していて、手厚い研究支援を行っています。ちなみにAIメディカルサービスが持っている内視鏡AIの基本特許は、実は共同研究をしている、がん研有明病院の知財部門が主導して取ってくれたものです。

シンガポール国立大学も教育機関であるだけでなく、研究所を持っています。さらに、シンガポールは、アジア、東南アジアのハブとしてグローバル展開する企業を国が誘致しています。つまり、シンガポール国立大学と組むということは、シンガポール国立大学がん研究所とも一緒に研究開発を行うことでもあり、シンガポール政府ともつながるということを意味します。薬事承認やビジネス展開まで、シンガポール国内のみならず、東南アジア全域に協業していく道が開かれるのです。

これは、米スタンフォード大学も同じです。シリコンバレーに隣接しているスタンフォード大学は、これまで世界を変えるイノベーションをつぎつぎと生み出す源泉となってきました。スタートアップや産業の育成にスタンフォード大学はコミットしていて、技術や知識を提供し、人材も輩出しています。それはお金儲けを目的としているからではなくて、社会が求めている大学としての役割をきちんと果たそうとしているからです。企業からすると、大学と組むことでビジネスにつながっていくのです。そうした取り組みを支える経験豊富なスタッフもそろっています。

東大も、「東京大学アントレプレナープラザ」で起業を支援していますし、「東京大学TLO（技術移転機関）」といって、東大の研究成果を社会へ展開する知的財産関連の組織が生まれています。2020年5月からはソフトバンクと産学協創事業である「Beyond AI研究推進機構」を設立し、AIにかかわる基礎研究と応用研究を行っています。

当社も2023年1月から、東京大学医学部附属病院内22世紀医療センターに「次世代内視鏡開発講座」を開設し、産官学連携を深めています。日本でも大学と研究協力すれば、ビジネス展開までできるスキームが確立しつつあります。

「It's up to you」

海外とビジネスをする際に、私が重要だと思う心構えがあります。それは「It's up to you」という概念です。

これは学生時代に私が米国ハーバード大学に交換留学をしたとき、何回も言われた言葉です。つまり、「君は何がしたいんだ？　すべては君しだいだ」ということです。

日本の感覚だと、特に大組織相手の場合、自分がしたいことや相手に求めることを率直に伝えるのは失礼にあたると考える人も多いかと思います。でも、海外相手の場合はそんなことはまったくないのです。

スタンフォード大学がそうでした。「米国内で臨床試験を行い、ＦＤＡ薬事承認を取得したい。当社の胃がん向け内視鏡ＡＩが一番貢献できそうなエリアを教えてほしい」と言うと、「わかった。じゃあ、ＦＤＡ薬事承認に向けてのプロトコルを一緒に考えよう」「この医療機関なら胃がん症例が多くある」などの具体的な情報と次のステップをさくさく教えてもらえます。

シンガポールも同じです。「それで君は何がしたいんだい？」という質問に対し、「まず、シンガポールで薬事承認を取得し、シンガポールを拠点に、東南アジア全域に当社の内視鏡ＡＩを広げたいんです」とやりたいことをきちんと伝えると、「わかった。じゃあ、内視鏡ＡＩの研究はシンガポール国立大学と契約を、シンガポール国内の薬事承認手続き書類作成に関しては、こちらの外部業者を紹介するから連携して進めてくれ」という返事が即座に来ます。

将来的な米国での展開を見据えて、２０２２年には海外初の拠点として、シリコンバレーに現地法人を設立しました。

シンガポールには、２０２２年に海外支社を設置しました。東南アジアは胃がんが多いエリアです。タイやベトナムに拠点をつくる選択肢もありましたが、まずはハブであるシンガポールから東南アジア全域に広げるのがいいと考えました。

現在、ＡＩメディカルサービスでは常時複数の製品化プロジェクトが走っています。その元となる研究のネタは30個以上あります。胃がん向けのＡＩだけでなく、食道がん向け、大腸腫瘍向けとか、臓器内部位を判定するＡＩだったり、クラウドサービスのシステムだったりとさまざまです。2022年のシンガポール文社に続き、2023年には、ニューヨークにも米国第2号拠点を作りました。もうすでに、世界展開は始まっています。

「思いの強さ」が武器になる

「内視鏡AIに着目するなんて、さすがですね」

「多田は『持ってる』ね」

そう言われることがあります。しかし、私はその評価をすんなりと自分自身で受け入れることはできません。

画像認識が得意なAIに、画像診断である内視鏡検査を組み合わせようという発想は、誰でも思いつくことです。内視鏡を扱う医師であれば、〝秒〟で思いつくでしょう。

実際、「オレも同じようなことなら多田より先に思いついていたよ」と、何度も言われました。私がAIメディカルサービスを設立した2017年頃に内視鏡AIの研究開発を始めた人を何人も知っています。

私がもしもほかの方より少しだけ優れたところがあるとするなら、それは事業の芽を見つけることだとか、発想能力に長けていたとかではありません。

思いついたアイデアを、自分がやり切ると覚悟を決めて、できうるかぎりの時間を投じて、やるべきことを調べ上げ、しっかりやり切ってきたことだと思っています。

第4章の「徹底力」でもお話ししたように、ちゃんと毎日、着実にやるべきことをやる。結果を出し、次につなげる。それを継続してきたからこそ、大きな次の可能性をつかむことができたし、第1弾ＡＩ製品の発売にもたどり着くことができました。

やり切るためにかける「思いの強さ」だった、とも言えるかもしれません。事業を思いついていた人は、なぜやらなかったのか。それは、それだけの時間と労力を注ぎ込む思いがなかったからでしょう。もし本気の思いがあるのであれば、やってみたはずなのです。でも、やらなかった。私は、やりたいと思って実際資金提供や協力をしてくれる方々を募り、さらにはやり通したのです。

そして今、自分の中では、ＡＩメディカルサービスが内視鏡ＡＩの分野において世界ナンバーワンのグローバルトップ企業になるイメージしかありません。

自尊心を捨てよ、自己効力感を持て

「やりたいとは思うけれど、自分にはできない気がする」という人には、自己効力感

(self-efficacy) を持ってほしいとも思います。日々、もっというならば毎秒毎秒、自分はだめなやつだと思うのか、自分はできるやつだと思うか。そのどちらかで、思考そして行動は少しずつずれていくものではないでしょうか。

毎日取りにいく情報も変わってきます。行動はもちろんつき合う人も変わります。この世で一番いけないことは、自分で自分自身をだめだと思うことだと私は考えています。

まず「自分は何かできる」と思うところから始めようではありませんか。

ただ、ここで私が誤解してほしくないのは、自己効力感（self-efficacy）は自尊心（self-esteem）とは違う、という点です。

自尊心は「自分自身・自分という存在」に対して肯定的な考えを持っていることです。それを否定するわけではありませんが、自分のやっていることが正しいという考えには危険も伴います。

たとえば、試験でいい点が取れなかったとき、自尊心の強い人は「試験が適正でなかった」と考えてしまう恐れがあります。逆に、自己効力感の強い人なら、「自分はこの試験がクリアできるはずだからもう一度やってみよう」と発想します。

「やりたいとは思うけれど、もう遅い気がする」という人には、年齢を言い訳にする理由はまったくないと伝えたいと思います。

私と同じくらいの年の人でも、「もう50歳なので、新しいことは覚えられません」と言う人がたくさんいますが、そんなことはまったくありません。

東大の第一外科のOB会などで80代の先輩とお話しすることがあります。正直、足元がおぼつかない方もいます。しかし、経験、知識は毎年毎年増えていて、「去年のOB会でお会いしたときより、成長してるんじゃないですか？」と思わされる人もたくさんいます。新たな高みを目指して日々チャレンジを続けていれば、知識と経験は、年齢が増えれば増えるほど蓄積されます。

人間はつねに成長できるんだ、何か変わっていけるんだ、自分自身は何かできるんだ、という考え――グロースマインドセットという考え方が好きです。グロースマインドセットを因数分解していくと、確信力になるのではないでしょうか。

思い込みから自由になる

「人生の99パーセントは思い込み」とも言われますが、「自分にはできない」「そんな能力はない」というのも、一つの思い込みです。

実はたまたまいた環境が悪かっただけかもしれません。自分自身にとって得意なことをやってこなかっただけかもしれません。

チャンスがめぐって来たらとか、自分に自由にできる資金があればとかいう「たられば」はいますぐやめてほしいと思います。そうではなく、自分が生きている証しとして、これを成し遂げたいから……という「〇〇だから」という発想に考えを切り替えてみてはいかがでしょうか。

2023年に日本消化器内視鏡学会総会で行われた特別講演で、元プロ野球選手で前人未到の三冠王を3回とった落合博満さんの話を聞く機会がありました。テーマは「技を極めるために」です。落合さんがお話しされたのは、練習することがすべて。練習はうそをつかない。練習できない人は、つらいと思うから練習できない。プロ野球の試合にレギュラーで出続けるために、最低限必要なことをやっているんだと思えば、全然つらいと思わないはずだ。そういった話でした。

確信力を持つためには、いろんなことを知り、多くの書籍を読み、いろいろな重鎮の方々にお話を聞いたりして勉強する必要があります。私であれば、スタートアップとしてお金をお預かりして、社員の先頭に立って旗を振る役目を担っています。グローバルリーダーの仕事をする人なら、グローバルリーダーとして最低限の勉強が必要でしょう。

そういうとき、「つらいな、大変だな」ではなく、「最低限のことをしているだけだ」と思えば、全然苦になりませんし、むしろ絶対やらなきゃいけないと気持ちが引き締まるはずです。

ただ、勉強すれば勉強するほど悲しくなることもあります。自分たちが一番だと思っていたのにもっと優れた相手がいるとか、自分たちのしてきたことが間違っていたと悟ることもあるでしょう。「知らなきゃよかった」ということも多いかもしれません。でもそれは逆に、自分の思い込みからより自由な世界に移動できたということでもあります。

深いレベルで真実を知ったうえで、確信に至る。そうでなければ、単なる盲信です。

本当のリスクを知る

これからの日本には、新しい挑戦をする人、とりわけ起業をする人が、どんどん増えたらいいと私は思っています。どういうわけだか、起業に対してハードルが高いと思い込んでいる人がとても多いようですが、起業はそんなにリスクの高いものではありません。しかし、どうも「失敗したらどうしよう」という不安が先に立つようなのです。

まずは金銭的な不安です。失敗して、借金を抱えてしまったらどうしよう。家族や親戚まで借金取りに追われてしまったらどうしよう――。はっきり申し上げて、それは昭和の時代の話です。

銀行融資を受けて連帯保証人になった場合にはそういうリスクもあります。しかし今、銀行からの融資で起業する人はほとんどいません。昔と比べて、投資環境はずっと整っています。日本政府としても「新しい資本主義」のスローガンのもと、2022年にスタートアップ育成5か年計画として予算1兆円を投入することが決定されています。やりたいことがしっかりしていれば、投資家からの投資だけで起業できます。

もちろん、やると約束したことに全力で取り組むという条件のうえではありますが、失敗した場合にも、投資には返済義務はありません。

今の時代に、実は足りないのはお金ではなく、世の中をよくするためのビジョンと、それをやり切る人材なのです。世の中をよりよくする方針を示すことができて、それをやり切る覚悟を示すことができれば資金は必ず集まるはずです。

実際、私は100億円以上の投資を受けていますが、私に個人保証はありません（繰り返しになりますが、全力を尽くすことは大前提という条件のもとでです）。創業当初、運転資金を少額借りたときは個人保証をつけていましたが、そのあとすぐに外してもらいました。

「それでも、投資家に損をさせてしまうことがあるのではないか」と不安になる人にも、そんな心配はいりませんよ、と申し上げたいと思います。投資先が失敗するかもしれないリスクを取るからこそ、大きなリターンを得られるのが投資家の発想です。投資先のいくつかが破綻して資金が回収できないことも織り込み済みで、投資家の方は投資してくださっているのです、気にすることはありません。

いずれにしても、起業家が単に投げ出したのでなく正しくあきらめたのであれば、金銭的にゼロ以下になるリスクはありません。自分の貯金がゼロになることはあっても、マイナスになることはありません。それこそが起業家の醍醐味なのです（当社に投資してくださった投資家の皆さま、この文面に対して、私に対して不快に思われたとしたら誠に申し訳ありません。前もって謝罪しておきます）。

失敗は次の成功確率を上げる

従業員の生活が自分にかかることについて、精神的なプレッシャーを感じる人もいるようです。しかし、これも違うと私は思っています。もちろん、もし希望するなら生涯にわたって雇用しようというくらいの思いで採用するのは大事なことです。一緒に働くメンバーはこれからもずっと一緒に仕事をしたいと思えるか？という観点で採用プロセスを絶対に進めるべきです。

しかし、本人がしっかり仕事を通じて成長していけば、どこでも通用する力はついていくものです。ですから起業家が心がけるべきは、ずっと雇用し続けることではありません。本人がしっかり力をつけていけるような成長環境を提供することなのです。

一緒に過ごしたことによって経験を積み、成長し、より実力をつけることができたならば、本人がその先、困ることはありません。あまり言いたくはないことですが、残念ながらこれまでに当社を去っていったメンバーの多くは、当社での経験をもとにステップアップしてより大きな仕事をする業務についていています。

「お金や従業員の面では心配いらないというが、一度起業に失敗したら、もう投資家がついてくれないのではないか」と思う人がいるかもしれません。その点も心配はいりません。なぜなら、再チャレンジすればいいからです。

起業を何度も繰り返すシリアルアントレプレナーも、日本で増えてきました。成功して売却してまた会社を興す人もいれば、失敗してまた会社を興す人もいます。むしろ失敗した人は、次の成功確率が高まる、と考える投資家もいます。

一般に起業家として成功した方は40代が多いという話を先にしましたが、これは20～30代のうちに失敗を経験している方も含まれていることから、経験豊富なミドルのほうが事業成功率が高いことになっているとも思います。

私が内視鏡ＡＩを東大の松尾豊教授の講演を聞いたことからたまたま思いついたように、大きなポテンシャルのある事業、世界を驚かせる事業、世の中をあっと言わせる事業、多くの人々を救うことができる事業が、まだまだ世の中にはたくさんあるはずです。

世の中は困りごとだらけです。解決しなければならない困りごとがなくなることは決してありません。その芽を見つけたならば、そして、それを解決するためにコミットする覚悟ができたなら、タイミングを見計らってぜひ突き進んでいってください。

起業という選択肢をもっと身近に

私は医師から起業したわけですが、今後はぜひたくさんの医師に起業に挑んでほしいと願ってやみません。

医師免許があれば、いつでも日本中のどこの医療機関でも働けるのが医師です。今の職場に一生涯いなければと思う必要はこれっぽっちもないはずです。もっと自由に、自分のやりたいことに積極的にチャレンジしてほしいと思います。

医師は能力の高い人が多いです。その能力を実臨床への貢献のために使うことはもちろん重要ですが、日本全体のために、また世界を変えるために使おうと思う人が一人でも増えてくれたら、私としてもこれほど心強いことはありません。

今までは、医師になってからの大きな選択は、「臨床の道」を歩むか、「研究の道」を歩むか、でした。私はここに、第3の道、「起業の道」を新たな選択肢に加えてほしいと思います。

勤務医なら開業してもいいし、起業してもいい。開業しているなら、すでに一つの〝起業〟を果たしているわけですから、別の起業にチャレンジしてみるのはどうでしょうか。研究者も、今の研究を生かして起業する、というところまで視野に入れてほしいと思います。

医師もそうですが、日本には優秀な人がたくさんいます。学歴エリート、勉強エリートと呼ばれる人たちは本当にたくさんいる。私がそういう人たちに問いたいのは、あなたの能力は本当に最大限使い切れていますか、ということです。

使い切れていないのであれば、それこそが本当のリスクなのではないでしょうか。自分の持っているポテンシャルを生かし切れていない、ということだからです。人生は、もっともっと輝くはずなのです。

ぜひ、高い目標を持って新しい挑戦をしてほしい。世界を変えるような、世界をあっと言わせるようなことに挑んでほしい。

そういう人と一緒に語らえる日を、私は楽しみにしています。

第6章　確信力で伝えたいこと

- 「自分は何かできる」という自己効力感を持とう。
- 自己効力感と自尊心とは違う。自尊心が強いと、えてして「自分のやっていることは（つねに）正しい」と考えがち。
- 思いの強さが武器になる。自分はこの困難に対処できると自分自身を信じよう。

おわりに

尊敬できる師との出会い

学部時代から研修医時代、大学院まで、たくさんの東大の先生にお世話になりました。本当に恩師に恵まれたと感謝しています。

特に記憶に残っているのは、東大医学部名誉教授を務められた武藤徹一郎先生です。東大旧第一外科教授を経て、東大病院の病院長になり、その後がん研有明病院の名誉院長に就任されています。ぜひインターネットで調べてみてほしいのですが、大腸がんがポリープからがんに発展していくことを提唱され、それにより現在のポリープの段階で発見して切除して大腸がん死亡を予防することが可能になりました。公職を含めて、大変な活躍をされてきた方です。指導はもちろん、発想から人間性まで、まさに別格の印象でした。

研修医1年目のとき、先生が執刀する手術の助手を務めたことがあったのを、今も覚えています。

当時は外科医４人で手術が行われており、３人の助手がつきました。助手はたとえば、患者の臓器を押さえる役割をします。そのとき私は「この役割はいずれロボットや機械で代替できるのではないか」と感じました。

そこで思わず、「これは機械でできますね」と口にしてしまったのです。学生が教授に意見することなど、特に当時では通常考えられないことでした。しかも、研修医1年目の新人です。

「何をふざけているのか、研修医のくせに。そんな文句を言わず、ちゃんと助手の仕事を務めよ！」とたしなめられても仕方のないことだったと思います。ところが、武藤先生はこんなふうに言われたのです。

「自分はこのやり方で何十年もやってきているので、助手の手によってでないと難しいとしか思えない。ただ、新しい時代が来て、君たちが活躍する時代には、ロボットで代替することがあたりまえになっているかもしれませんね」

偉大な先生でありながら、新人の言うことにも耳を傾ける度量の大きさと見識の広さに感動したものです。

それから30年近く経った今、実際にロボットが助手の役割を代替できるようになっています。ロボット手術によって、医師が一人で手術できるような時代が来ている。先生の過去の思い込みに縛られず将来に対する可能性を考慮する見識は、やはり鋭かったと思います。

サーバントリーダーシップ

もう一人、忘れられないのが、大学院時代に指導教員となった渡邉聡明先生です。武藤先生に師事し、東大大腸肛門・血管外科（旧第一外科）教授と東大病院の副院長を務められた方です。

単身米国に留学、総合医学誌の世界的権威『The New England Journal of Medicine』で、大腸がん治療における抗がん剤治療時の大腸がん遺伝子マーカーを明らかにするなど東大教授になられる前に論文を発表されたこともあります。日本人で論文を掲載できたのは何人いるか、という世界観の雑誌です。

大腸がんの遺伝子について、こんなふうに世界最高峰の論文を書くような立場があるにもかかわらず、医療と学生に真摯に向き合う人でした。

えらぶることがないだけでなく、誰に対しても気遣う。もちろん指導は厳しいですが、本当に細かなところまで見ておられて、私もさまざまなサポートをいただきました。今でいうところのサーバントリーダーシップが強く感じられる先生でした。

先生と接していた人は、「ナベさん（渡邉教授）のためなら、いくらでもがんばる」という人ばかりでした。それだけの人間的な魅力にあふれていました。周りの人に「この人のために」と思わせるコミュニケーション、立ち居振る舞い、そして医師として医療や患者と向き合う真摯な姿勢を徹底的に学びました。

のちに私がクリニックを開業したときには、わざわざお祝いで挨拶に来てくださり、大変感激しました。

もう一人挙げるとすれば、東大病院の前病院長、東大消化管外科学・乳腺内分泌外科学教授、瀬戸泰之先生です。研修医時代に一緒に当直をしたことがありましたが、通常なら「後輩のお前が全部やれ、何かあったら起こしてくれ」と当直室に引き揚げるのがあたりまえのところ、「多田も明日仕事があるだろう。半分ずつ担当しよう。自分がきつい時間を担当するから、寝ていいよ」とサポートしてくださいました。

「医学の教科書とか知識ではなく、患者さんを見て、人間としてこれはやばい、と思ったらオレを呼べ」ともよく言われました。もちろん知識や経験は大事ですが、人間としての感覚も大事にせよ、ということです。

それまで、このような指導をしてくださる先生はほかにまったくいなかったため、当時の私にとって衝撃の教えでした。瀬戸先生も、クリニック開院時に励ましの手紙をくださいました。

走り続ける覚悟

このようなところで告白するのも何ですが、私は浜崎あゆみさんのファンです。

「ははーん、見た目が好みなんですね」

そう言われることもありますが、まったく違います。むしろ、浜崎さんのデビューから10年ほどは、見た目で敬遠していました（スミマセン）。というか、私には関係のない人だ、と思っていたのです。

転機になったのは2006年、クリニック開業前に旅行した先のオーストラリアでした。シドニーのホテルでなにげなくテレビをつけたら、「今日、浜崎あゆみさんのコンサートがあります」とニュースで流れ始めたのです。

海外でこのように報じられる浜崎さんというのは、どんな人なのだろう、と興味を持った私は、帰国してからライブのビデオを見ることにしました。そして、驚愕してしまったのです。

このとき見たのは、２００６年大みそかのカウントダウンライブだったのですが、それはもうすさまじいライブでした。舞台の設営から照明、音響、展開、そしてもちろん歌。想像していたものとまるで違っていました。「こんなステージがあるのか、これはコンサートの域を大きく超えている」と激しい衝撃を受けました。

浜崎さん自作の歌詞にも心が震えました。しかも、その創作レベルは年々バージョンアップしています。２０２１年にリリースされた「23rd Monster」の「結末はキミシダイだ、結末はボクシダイだ」という歌詞、２０２２年リリースの「Nonfiction」での「画面上だけで決めてませんか？　果たしてそれはリアルでしょうか？」という歌詞などは、ファンではない人たちにもグサリと刺さるメッセージです。

今なお走り続け、進化し続ける浜崎さんは唯一無二の人です。25年間まったく休まずに活動を続けているという時点で、人生を音楽創作活動に捧げているといっても過言ではないでしょう。

クリニックを開業し、ＡＩメディカルサービスを設立し、そして今、世界を目指して走っていこうというときに、浜崎さんからはつねに大いなる励ましをもらってきました。

埼玉から世界へ

そしてもう一つ、私が心から感謝の思いをお伝えしたいのが、さいたま市、さらには埼玉県の方々です。

私は東京生まれ、神戸育ち、大学入学以降も東京で生活していました。そんな私が2006年、縁もゆかりもない、さいたま市でクリニックを開業することになったのでした。にもかかわらず、地域の皆さんは心から応援をしてくださいました。さいたま市に全国最大級のメディカルモールをつくるプロジェクトを進めてくださったさいたま市の再開発計画組合の皆さん、武蔵浦和メディカルセンターの運営サイドの皆さん、クリニックを利用してくださった方、クリニック運営をサポートしてくださったメンバーなど、本当に数えきれないほどの方々にお世話になりました。

クリニックが全国トップクラスの内視鏡検査数をお任せいただけるまで成長することができたのは、ひとえに埼玉の皆さまのおかげです。口コミでクリニックの評判を伝えてくださったことで、どんどん来院数が増えていきました。

こうして内視鏡画像診断支援ＡＩを開発したり、世界的な企業になろうと奮闘できたりしているのも、クリニックという基盤があったからこそです。

第4章でも触れましたが、ＡＩメディカルサービスも設立時は埼玉県を本店所在地としました。そのような背景もあり、当社を初めて支援してくださった自治体は埼玉県です。また、２０１８年から「埼玉県先端産業創造プロジェクト」を通じて、国立研究開発法人産業技術総合研究所との共同研究が補助金対象に採択され、内視鏡ＡＩ開発に多大なるご支援をいただきました。

これから私の日本から世界へのチャレンジが本格的に始まります。

最後になりましたが、本書の制作にあたっては、東洋経済新報社出版局の髙橋由里さんにお世話になりました。また、構成にあたっては、ブックライターの上阪徹さんにご協力いただきました。

ＰＲエージェンシーの株式会社コミュニケーションデザインの寺石明人さん、玉木剛さんには、本書の企画をサポートいただきました。ありがとうございました。また、ＡＩメディカルサービス経営企画部門長の金井宏樹さん、広報の谷口愛美さん、「ただともひろ胃腸科肛門科」の柴田淳一院長、川口肛門胃腸クリニックの小澤毅士院長には書籍制作のサポートをいただきました。ここに感謝申し上げます。

本書に書かれている内容は私の経験でしかありません。しかし、私が全力で走ってきた中からお伝えしたいことを厳選して記しています。何かたとえ一つでも、読者の方に明日につながる学びがあったとしたら、それは私にとって望外の光栄です。読者の方から著書を読んで役に立ったエピソードを聞かせてもらうのは著者にとっての最大の人生の喜びです。いつかどこかで、成長した皆さまとお会いできる機会を楽しみにして筆を擱《お》かせていただきます。

2024年5月

ＡＩメディカルサービス　代表取締役ＣＥＯ　多田智裕

参考文献

注1　Pei-Ling Gan, Shu Huang, Xiao Pan, Hui-Fang Xia, Mu-Han Lu, Xian Zhou, Xiao-Wei Tang: The scientific progress and prospects of artificial intelligence in digestive endoscopy: A comprehensive bibliometric analysis. *Medicine* 101(47), Lippincott Williams & Wilkins, Baltimore, November 25, 2022.

注2　オリンパス社ホームページ。
https://www.olympus.co.jp/technology/museum/endo/?page=technology_museum

注3　「さいたま市における胃がんX線・内視鏡併用個別検診の現況—大宮地区のデータをもとに—」。
https://www.jstage.jst.go.jp/article/jsgcs/53/5/53_571/_pdf

注4　国立研究開発法人国立がん研究センター「がん情報サービス－がん統計」。
https://ganjoho.jp/reg_stat/index.html

注5　Hosokawa, O., et al. :Difference in accuracy between gastroscopy and colonoscopy for detection of cancer. *Hepatogastroenterology* 54(74): 442–444, 2007.
https://pubmed.ncbi.nlm.nih.gov/17523293/

注6　Endoscopes Market Size, Share & Trends Analysis Report By Product (Disposable, Flexible, Rigid), By End Use (Hospitals, Outpatient Facilities), By Region, And Segment Forecasts, 2024–2030.
https://www.grandviewresearch.com/industry-analysis/endoscopes-market

注7 Pierre Azoulay, Benjamin F. Jones, J. Daniel Kim, Javier Miranda: Research: The Average Age of a Successful Startup Founder Is 45. Harvard Business Review. July 11, 2018.
https://hbr.org/2018/07/research-the-average-age-of-a-successful-startup-founder-is-45

注8 AI in Healthcare Market by Offering, Algorithm, Application, and End User: Global Opportunity Analysis and Industry Forecast, 2021–2030. RESEARCH AND MARKETS.

【著者紹介】
多田智裕（ただ　ともひろ）
株式会社AIメディカルサービス代表取締役CEO、医療法人ただともひろ胃腸科肛門科理事長
1971年東京都生まれ。灘中学校・灘高等学校を経て、1996年東京大学医学部卒業、2005年東京大学大学院医学系研究科外科学専攻修了。虎の門病院、三楽病院、東京大学医学部附属病院、東葛辻病院などを経て、2006年埼玉県さいたま市の武蔵浦和メディカルセンター内に「ただともひろ胃腸科肛門科」を開業。2017年AIメディカルサービスを設立。2022年シリコンバレーとシンガポールに現地法人を設立。

NexTone　PB000054973

東大病院をやめて埼玉で開業医になった僕が
世界をめざしてAIスタートアップを立ち上げた話

2024年6月4日発行

著　者――多田智裕
発行者――田北浩章
発行所――東洋経済新報社
〒103-8345　東京都中央区日本橋本石町 1-2-1
電話＝東洋経済コールセンター　03(6386)1040
https://toyokeizai.net/

ＤＴＰ………キャップス
装　丁………小口翔平+青山風音（tobufune）
印　刷………ベクトル印刷
製　本………ナショナル製本
編集協力……上阪　徹
編集担当……髙橋由里
　Printed in Japan　ISBN 978-4-492-22408-3